소설처럼 재미있게 읽는
생명과학강의

소설처럼
재미있게 읽는

생명 과학 강의

이시우라 쇼이치 지음

곽범신 옮김

시그마북스
Sigma Books

소설처럼 재미있게 읽는

생명과학강의

발행일 2022년 5월 10일 초판 1쇄 발행
지은이 이시우라 쇼이치
옮긴이 곽범신
발행인 강학경
발행처 시그마북스
마케팅 정제용
에디터 최윤정, 최연정
디자인 김문배, 강경희

등록번호 제10-965호
주소 서울특별시 영등포구 양평로 22길 21 선유도코오롱디지털타워 A402호
전자우편 sigmabooks@spress.co.kr
홈페이지 http://www.sigmabooks.co.kr
전화 (02) 2062-5288~9
팩시밀리 (02) 323-4197
ISBN 979-11-6862-034-6 (03470)

살아남는 종은 강한 종도 아니고, 똑똑한 종도 아니다.

변화에 적응하는 종이다.

-찰스 다윈-

시작하며

여러분, 안녕하세요. 분자인지과학자를 자칭하는 이시우라 쇼이치입니다. 처음 뵙겠습니다. 생명과학 강의집인 『유전자가 처방하는 뇌와 신체의 비타민(遺伝子が処方する脳と身体のビタミン)』을 출간한 지 10년이 넘었네요. 그 책을 읽어주신 독자 여러분이 보시기에는 '변함없이 또 같은 짓을 하고 있구나' 싶을지도 모르겠습니다. 그래서 출판에 이르게 된 경위를 알려드리려 합니다.

아시다시피 2020년은 코로나바이러스감염증-19(이하 코로나19)가 만연한 해로 기록되었습니다. 정년을 맞이해 도쿄대학교에서 물러난 저는 교토의 도시샤대학교에서 그 지긋지긋했던 1년을 보냈죠. 강의는 대부분 화상으로 진행되었고, 때마침 맡을 사람이 없었던 1, 2학년 문·이과 학생을 위한 생명과학 강의를 맡아달라는 부탁에 미리 영상을 녹화한 뒤 원하는 사람만 시청할 수 있게끔 하는 형식으로 반년 동안 강의를 진행하게 되었습니다.

고등학교 생물 교과서를 쓰기도 했던 저는 생물을 이수한 학생과

그렇지 않은 학생 사이에는 지식의 격차가 있음을 알고 있었으므로 DNA나 단백질을 설명할 때에도 가급적 전문용어를 쓰지 않으면서 최신 생명과학의 핵심을 전달해야겠다는 생각에 부드러운 구어체로 강의를 진행하기로 했습니다. 그 강의를 서적화한 결과물이 이 책입니다. 실제 강의는 모두 14회입니다만 이 책에는 출판사의 희망에 따라 그중 몇몇 항목을 고쳐서 실었습니다. 출판사로부터는 '소설처럼 재미있게 읽을 수 있는 생명과학강의(小説みたいに楽しく読める生命科学講義)'라는 제목을 제안받았고, 이는 제 의도와도 일치했기에 그러기로 했습니다. 도시샤대학교 측에서는 1. 유전자, 2. 단백질, 3. 세포, 4. 대사…… 이런 식으로 강의를 해주기를 기대했는지도 모르지만 유감스럽게도 그렇게 진행되지는 않았습니다.

대개 교직원들은 나이를 먹음과 동시에 융통성이 떨어져서 새로운 도전에 주저하게 되고, 똑같은 강의를 되풀이하게 된다고들 합니다. 하지만 교토에 홀로 부임해온 저는 연구실까지 가는 한 시간짜리 출근길에 앉아서 책을 읽을 수 있는 몸이었기에 이과 계열 서적이나 문고본을 즐길 수 있었죠. 여러분도 이렇게 '시간만 남아도는 생활'을 유의미하게 보내셨으면 합니다. 제 경험에 비추어보자면 대학생 시절과 정년을 맞이한 직후가 그렇지 않을까 하네요. 제 경우 그 시기에 무슨 일이 일어났느냐 하면, 생명과학과 역사 이야기에 푹 빠져버렸답니다. 이 책에 실린 일본의 천황가(실제로 관심이 있었던 쪽은 혈족 결혼과 유전이었지만)에 얽힌 이야기 등은 읽으면 읽을수록 흥미로운 부분이 있습니다. 그런 제가 느낀 흥분을 조금이라도 전해드리고 싶다, 그리고 생명과학에 흥미를 갖게 할 새로운 방법일지도 모르겠다는 생각에 강의를 맡게 되었죠.

이 책에서는 생명과학 쪽 용어에 관한 자세한 설명은 다소 생략했습니다. 물론 자세한 내용은 기존에 출간된 책을 읽어주셨으면 합니다만, 생명과학을 배우는 본질은 자신의 건강이나 지구상의 생명을 돌아보는 것이며 사회의 정세나 윤리개념과 무관하지 않다는 사실, 그리고 결코 자세한 전문용어나 공식을 외우는 것이 아님을 생명과학에 익숙지 않은 분들께 알려드리고픈 것이 제 생각입니다. 읽어보시고 제 노림수가 먹혔는지, 아니면 실패했는지 판단해주신다면 감사하겠습니다.

차례

제 2 장 유전 이야기

제 3 장 DNA 감정과 역사에 얽힌 수수께끼

여담 데이터를 해석할 때 주의할 점

제 4 장 유전자 재조합과 iPS세포, 백신

제 5 장 환경과 생물, 방사능

제 6 장 게놈 편집의 현황

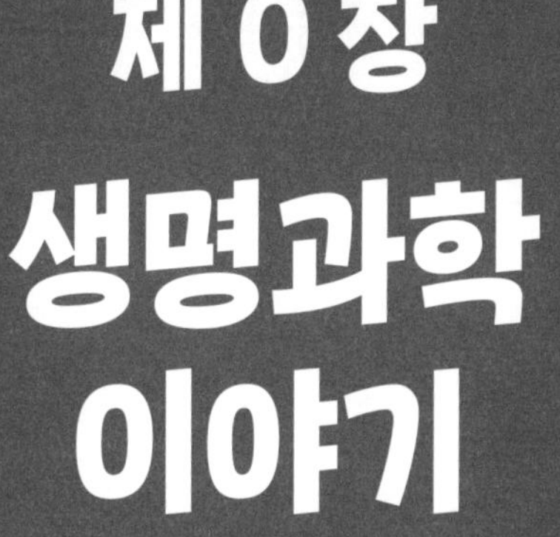

제 0 장

생명과학 이야기

생명과학이란 무엇일까?

그럼 생명과학에 관한 이야기를 시작해보겠습니다. 일반적인 생물학 이야기와는 다르게 **우리에게 무척이나 친숙한 인간의 몸, 그리고 환경이 주제입니다.** 이를 통해서 알아두면 살아가는 데 유익한 생명과학의 사고방식에 대해 한번 배워보도록 하겠습니다. 생명과학과 진화에서 시작해 유전, DNA 감정, 과학적 데이터를 해석하는 방법, 재생의료, 환경, 게놈 편집 식품에 이르기까지 다양한 이야기를 해보고자 합니다. 그럼 본격적으로 들어가기에 앞서, 생물학과 생명과학은 어떻게 다른지에 대해 이야기해보죠.

생물학은 동물이나 식물, 미생물을 대상으로 하는 학문입니다. 그 생물이 어떤 구조를 이루고 있는지, 어떤 기능을 지니고 있는지, 나아가 생물뿐 아니라 그 생물을 형성하는 세포가 어떻게 이루어져 있는지에 관한 이야기가 주를 이루죠. 그리고 생물의 진화나 우리 몸의 주변 환경, 생태학이 주된 화제입니다. 하지만 대학에서 가르치는 생명과학은 생물학과 조금 다른데, **인간이 중심이며 의료에 관한 이야기가 주**를 이룹니다. 왜냐하면 우리는 인간이기에 역시나 우리의 몸이 가장 중요할 수밖에 없습니다. 그래서 이에 대해 알아야 하는 것이죠. 여러분께는 이번 이야기의 핵심, 즉 최신 학문인 DNA를 이용한 과학에 대해 꼭 알려드리고 싶습니다. DNA 기술을 통해 세부적인 구조나 작용 원리, 이를테면 질병의 기전이나 생물이 살아남는 방식 등에 관한 메커니즘이 서서히 밝혀지기 시작했습니다. 어렵게 느껴질지도 모르지만 결코 어렵지는 않습니다. 이 부분을 확실히 머릿속에 넣어두었으면 하니, 유전자와 DNA 기술을 중심에 놓고 다양한 이야기를 풀어내 보고자 합니다.

또한 우리의 삶에서는 생명윤리가 중요해지기 시작했습니다. 생명윤리 역시 생명과학의 일부입니다. 현재 화제가 되고 있는 코로나19나 장기이식 등, **생명윤리는 다양한 상황에서 문제시되고 있습니다.** 생명과학 공부가 무척이나 중요한 까닭입니다.

따라서 코로나19를 주제로 '이런 얘기, 혹시 들어보셨나요?' 싶은 지식, 그리고 생명과학의 사고방식에 대해 이야기해보려 합니다.

바이러스나 세균이 숨어 있는 곳

조금 이른 감이 있지만 문제를 하나 내보겠습니다.

문제 공공장소에서 가장 많이 오염된 장소는 어디일까요?

자, 바로 답이 나왔나요? 가장 더러운 곳이라. 그걸 무슨 수로 찾아내느냐, 바로 스미어(smear)라 해서, 뭔가로 책상 같은 물건 위를 훔치는 겁니다. 그리고 닦아낸 도구에 세균이 얼마나 많이 묻어 있는지를 조사하는 방식이죠. 그러면 책상 위가 얼마나 더러운지 알 수 있습니다. 이는 대략 10년 전에 다방면으로 조사된 바 있는데, 그 데이터를 통해서 평소 우리가 주물주물 주물러대는 곳이라도 의외로 깨끗한 곳이 있는가 하면 더러운 곳이 있음이 밝혀졌습니다.

자, 그럼 정답(그림1)입니다. 일반적인 감기 바이러스를 리노바이러스라고 하는데, 그 바이러스가 어디에 있는지를 알아보겠습니다. 소아과 대기실, 특히 아이들이 갖고 노는 장난감에 무척 많다는 사실을 알 수 있었습니다. 지금 병원이 왜 위험하다고 하는지 아시겠죠. 다음으로 피트니스클럽. 이 또한 코로나19에서 화제에 올랐었죠. 피트니스클럽에서는 다양한 운동기구를 여럿이 돌려쓰지만 사용한 뒤에 잘 닦아놓지 않습니다. 그래서 세균이 잔뜩 들러붙게 되죠. 이를테면 바벨이나 덤벨, 실내 자전거는 모두 손으로 잡고 사용하는데, 이 부분에 세균이 잔뜩 묻어 있음이 밝혀졌습니다. 이어서 엘리베이터의 버튼입니다. 나중에 설명할 SARS(사스)라는 질병이 유행했을 당시, 어느 건물의 9층에 있던 사람들이 단체로 감염된 적이 있었습니다. 이때는 엘리베이터의 '9' 버튼에 바이러스가 묻어 있었다는 사실이 뒤늦게 발견되었죠. 그리고 여러분이 사용하는 돈, 지폐나 컴퓨터 마우스, 전화기 등, 다양한 곳에 세균이 살고 있습니다. 그 밖에 또 어디가 있을까요? 여러분도 잘 아시다시피 전철 손잡이처럼 **불특정 다수가 공유하는 곳에**

그림1 감기 바이러스가 존재하는 곳

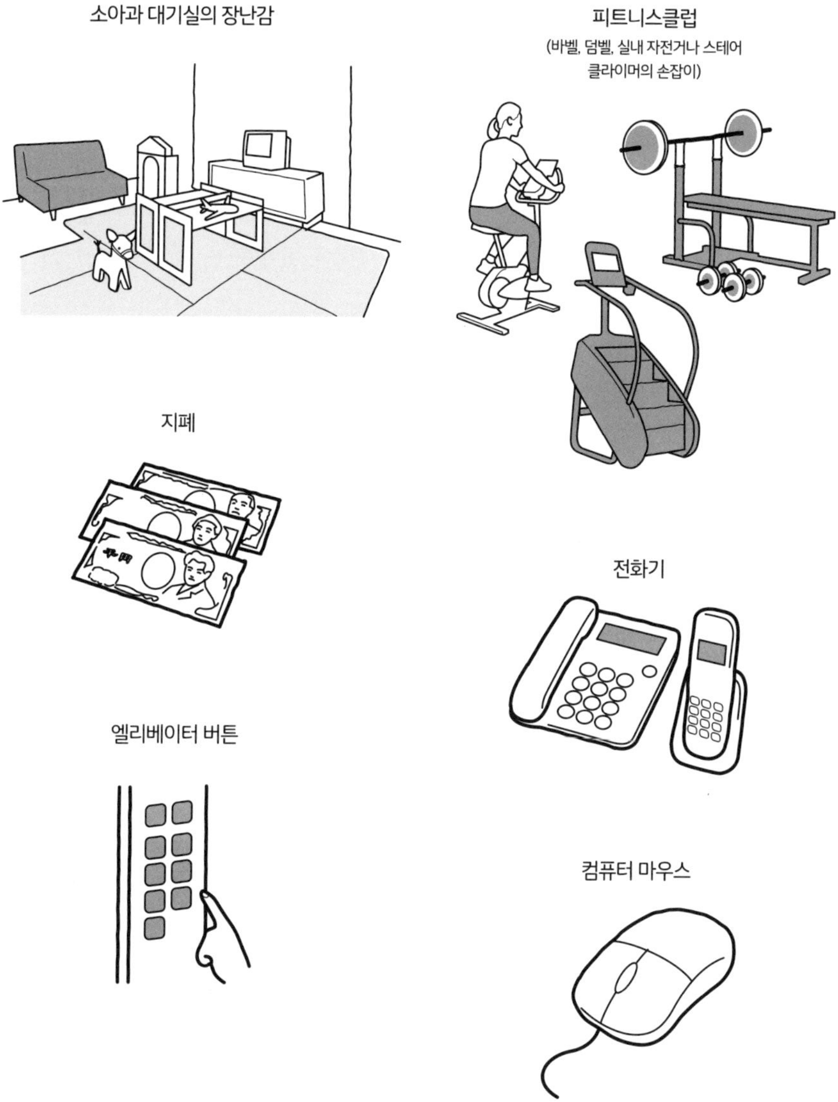

소아과 대기실의 장난감

피트니스클럽
(바벨, 덤벨, 실내 자전거나 스테어 클라이머의 손잡이)

지폐

전화기

엘리베이터 버튼

컴퓨터 마우스

많습니다. 여러분, 어떤 곳을 조심해야 할지 다들 이해하셨나요? 알고만 있으면 막을 수도 있다는 뜻입니다.

감기에 걸리는 이유는 무엇일까?

감기란 좀처럼 떨어질 줄 모르죠. 여러분은 감기가 어떤 병원체에서 발생하는지 알고 계십니까? 리노바이러스가 전체의 약 30~40%를 차지하고 있습니다(표1). 인플루엔자바이러스가 5~15% 정도, 그리고 이와 매우 유사한 파라인플루엔자바이러스라는 녀석도 15~20% 정도

표1 감기를 유발하는 병원체

병원체	비율
리노바이러스	30~40%
파라인플루엔자바이러스	15~20%
인플루엔자바이러스	5~15%
코로나바이러스	10%
RS바이러스	5~10%
아데노바이러스	3~5%
기타(폐렴구균, 마이코플라스마 등)	10% 이하

『인플루엔자 팬데믹-신형 바이러스의 수수께끼에 다가가다(インフルエンザパンデミック 新型ウイルスの謎に迫る)』(가와오카 요시히로, 호리모토 기요코 지음, 고단샤, 2009)를 토대로 작성.

임을 알 수 있죠. 그 외에 네 번째가 현재 화제를 모으고 있는 코로나바이러스입니다. 코로나바이러스는 인플루엔자와 마찬가지로 감기를 일으키는 병원체 중 하나로, 전체의 10%를 차지한다는 사실이 일찍이 알려진 바 있습니다. 그 외에도 다양한 병원체가 있음을 알 수 있습니다.

코로나라는 이름의 유래

어째서 코로나바이러스라는 이름이 붙었는지 알고 계시나요? 바이러스 표면에 돋아난 돌기가 왕관(그리스어로 코로나)이나 태양 주변의 대기인 코로나처럼 보이기 때문에 코로나바이러스라는 이름이 붙었습니다.

컨디션이 나빠지는 이유는 무엇일까?

코로나바이러스의 경우는 기침이 나오고 폐렴에 걸린다는 사실을 모두들 알고 계실 텐데요,

문제 기침이나 재채기, 열이 나는 이유는 무엇일까요?

여기에 네 가지 가능성이 있습니다. 무엇이 옳은지 아시겠습니까?

① 바이러스의 유전자에서 독소가 만들어진다(바이러스 자체에 독성이 있다).

② 바이러스가 인체로 하여금 독소를 만들게 한다(바이러스에 병원성이 있다).

③ 바이러스를 방어하기 위해 인체가 바이러스의 증식을 억제하는 물질을 만들어낸다.

④ 바이러스가 인체에 침입한 순간 강한 독성을 지닌 바이러스로 변한다.

얼핏 보면 ①이나 ②처럼 바이러스 자체가 원인이 아닐까 싶으시겠지만, 정답은 ③입니다. 많이 놀라셨을 것 같은데요. **바이러스를 방어하기 위해 인체가 바이러스의 증식을 막는 물질을 만들어냅니다. 그 물질 때문에 열이 나거나 기침을 하게 됩니다.**

면역력은 처음부터 길러져 있다

여기에 대해서 조금만 더 설명하겠습니다만, 바이러스에 감염되면 인체는 사이토카인이라는 물질을 분비합니다. 사이토카인은 발열이나 오한, 근육통 등의 부작용을 일으키죠. 다시 말해 몸을 방어하기 위해 인간이 만들어내는 이 물질의 방어 효과가 지나치게 강력해진 탓에 부작용으로 염증이 생겨나는 것입니다. 감기 증상이 나타날 때는 필요 이상으로 면역력이 높아진 상태죠. 그러니 사실은 **면역력을 억제하는 것이 중요**합니다.

'면역력을 기르는 식사법'이라든지 '초 면역력'이라는 말이 곧잘 들려옵니다만, 감기에 걸렸을 때 지나치게 면역력을 높여선 안 되겠죠. 면역력은 처음부터 길러져 있습니다. 그러니 이건 표현이 잘못된 셈인데, 사실은 면역력이 아니라 **저항력을 높인다**고 써야 옳습니다. 저항력이라고 쓰면 외적에 맞서기 위한 힘이라는 올바른 의미가 되겠죠. 그러니 면역력을 높인다는 말은 조금 틀린 표현입니다. 이런 점도 알아두세요.

손은 몇 번이나 씻으면 될까?

자, 이렇게 온갖 더러운 것들이 우리 주변에 한가득 넘친다는 사실을 알았습니다. 소독하라는 말을 자주 들어보셨을 겁니다. 소독, 중요하죠. 비누로 손만 씻어도 충분합니다. 그럼 비누로 손을 씻으면 세균이 얼마나 떨어지는지 데이터가 필요하다고 생각되지 않나요?

화장실에서 가장 더러운 곳

화장실에 대해 잠깐 이야기해보겠습니다. 세균이 많은 곳이라면 어디가 먼저 떠오르십니까? 얼핏 생각해보면 문손잡이나 화장실 주변이 많을 듯하죠. 변기 뒷부분 같은 곳은 청소를 잘 하지 않으니 더럽지 않느냐고 자주들 물어보시는데, 더러운 부분은 여러분이 잘 신경 쓰지 못하는 곳에 있습니다. 바로 물을 내리는 레버 부분이죠. 왜일까요? 여러분은 볼일을 마치고 휴지로 엉덩이를 닦으실 텐데, 닦고 나서 바로 손을 씻으십니까? 씻지 않으시겠죠. 우선 물부터 내리지 않겠습니까? 그러니 더러운 손으로 곧장 만지는 부분인 레버에는 세균이 잔뜩 묻어 있다는 말도 이해할 수 있을 겁니다.

그에 대한 조사 자료가 있습니다. 화장실을 다녀온 뒤 손에 얼마나 많은 세균이 묻어 있는지, 이런 걸 연구하는 사람이 있죠. 볼일을 본 뒤에는 100만 마리 정도의 바이러스나 세균이 손에 묻는다고 가정하겠습니다. 그럼 손을 씻으면 얼마나 줄어드느냐, 흐르는 물로 15초 씻으면 100분의 1인 1만 마리 정도로 줄어듭니다. 그런 다음 세정제로 손을 씻고 다시 한번 흐르는 물로 닦아내면 다시 수백 마리까지 줄어들죠. 또다시 세정세로 손을 깔끔하게 씻으면 몇 마리 수준까지 줄어듭니다. 이 데이터를 보면 손을 반드시 씻어야 한다는 사실을 이해하시리라 봅니다만, 한 번 씻으면 되는지, 여러 번 씻는 편이 나은지, 세정제는 쓰는 편이 나은지 궁금하실 겁니다.

중요한 사실은 여기서부터입니다. 건강한 사람이라면 세균 몇 마리는 별 문제가 되지 못하고, 그 사람의 체력이 중요합니다. 바이러스라 하면 얼핏 무섭게 들리지만 체력과 저항력이 충분할 경우에는 세균이 얼마나 묻어 있든 문제가 없죠. 이를테면 바닷물 1*ml* 안에는 1000만

개 정도의 바이러스가 들어 있습니다. 즉, 바이러스 정도는 어디에나 있다는 말입니다. 이 사실을 아셨다면 역시 세정제로 한 번 씻는 정도면 충분하겠구나 싶으실 겁니다. 세균을 몇 마리 수준까지 줄일 필요는 없다는 뜻이죠.

마스크는 효과적일까?

최근에는 텔레비전에서도 쉽게 접할 수 있으리라 봅니다만, 코로나19는 비말(飛沫) 감염의 형태로 감염됩니다. 비말은 무려 2미터 가까이 날아갈 수도 있다고 하는군요. 그러니 역시 마스크를 착용하면 그만큼 사람에게 잘 옮기지 않는다는 이점이 있습니다.

따라서 마스크를 착용하신 여러분, 아시겠죠? 마스크를 쓰는 건 좋지만 마스크 겉면을 만져서는 안 됩니다. 표면에 바이러스가 묻어 있는 셈이니까요. 이건 꼭 지켜주세요.

감염되기 쉬운 곳

예전부터 자주 들려오는 말입니다만, 감염되기 쉬운 곳을 예로 들어 보라면 역시나 전철이나 비행기 안을 꼽을 수 있겠습니다. 공기가 순환되지 않으니 위험하죠. 과거에 MERS(메르스)라는 폐렴이 유행한 적이 있는데, 당시는 이슬람교 사원이나 경기장 같은 곳에 수많은 사람들이 모였던 바 있습니다. 그런 곳에서 감염이 발생했다고 합니다. 그 외에 축제나 병원같이 불특정 다수가 모이는 장소는 확실히 감염될 위험이 높습니다. 가능한 한 가까이 하지 말라는 말이 정답입니다.

코로나바이러스감염증-19

예전에 유행한 같은 코로나바이러스감염증인 SARS나 MERS는 사망률이 훨씬 높아서 공포의 대상이었습니다만, 이것들과 현재 코로나19의 차이에 대한 간단한 데이터가 표2에 나와 있습니다. 이 표를 보시면 아시겠지만 일반적인 계절성 인플루엔자는 사망률이 낮습니다. 하

표2 코로나바이러스감염증-19와 SARS, MERS, 인플루엔자의 차이

	사망률	환자 1명으로부터 감염되는 사람의 수	발생 · 유행한 시기	증상
코로나바이러스감염증-19	**약 2%**	**1.4~2.5명**	**2019년 12월**	**발열, 기침, 폐렴 등**
SARS	9.6%	2~4명	2002년 11월~ 2003년 7월	발열, 기침, 폐렴 등
MERS	34.5%	1명 미만	2012년 9월~	발열, 기침, 폐렴 등
인플루엔자	0.02%	2명 정도	주로 겨울(국내)	발열, 두통, 관절통 등

※WHO, 일본 국립감염연구소 등의 자료에서

<마이니치신문> 디지털 2020년 1월 30일자에서 인용.

지만 코로나19의 사망률은 약 2%로 나와 있습니다. 2002년에 유행했던 SARS의 사망률은 10% 정도였죠. 2012년에 유행한 MERS의 사망률은 무시무시하게도 34.5%였습니다. 이에 비해 2%는 낮은 수치겠죠. 하지만 계절성 인플루엔자에 비하면 압도적으로 무서운 질병임을 알 수 있습니다.

일본 국립국제의료연구센터의 구쓰나 사토시 씨의 말에 따르면 2020년 12월말 기준으로 80세 이상의 사망률은 12.0%, 70대는 4.8%, 60대는 1.4%로, 노인층의 사망률이 높다는 사실을 알 수 있습니다. 그런 의미에서 보자면 노인층에게 감염은 무척 위험한 일입니다. 이번 결과를 보면 감염력이 강해 보이는군요. 가급적 누굴 만나서 이야기를 하는 상황은 피해야 하겠습니다.

그래프를 통해 알 수 있는 사실

그림2는 어떤 질병에 대한 인구 10만 명당 사망자 수를 나타낸 그래프입니다. 무슨 사망률인지 여러분도 알고 싶으시겠죠. 이러한 데이터를 보고 '이렇게 된 이유가 뭘까?' 하고 생각해보는 것은 무척 중요한 마음가짐입니다. 생명과학에서는 **실시간으로 현재 무슨 일이 벌어지는지 데이터를 통해 해석하는** 것이 대단히 중요하거든요.

그림2는 어떤 질병의 사망률을 일본과 미국을 대상으로 비교한 그래프입니다. 이 그래프를 통해 알 수 있는 사실은 무엇일까요?

그림2 인플루엔자로 인한 인구 10만 명당 사망률

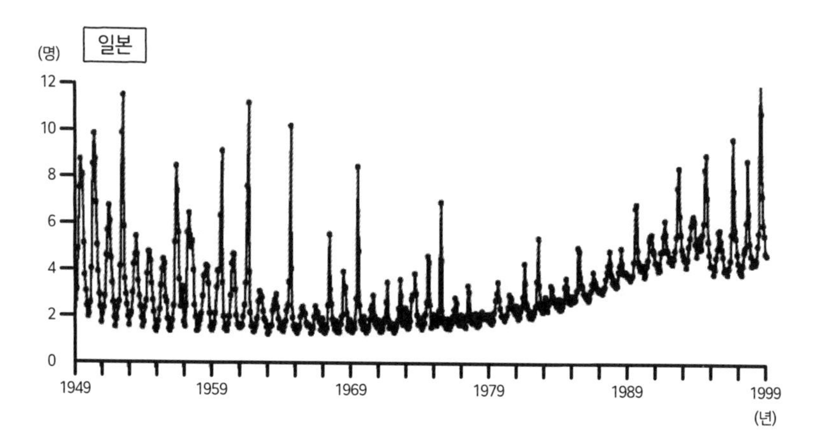

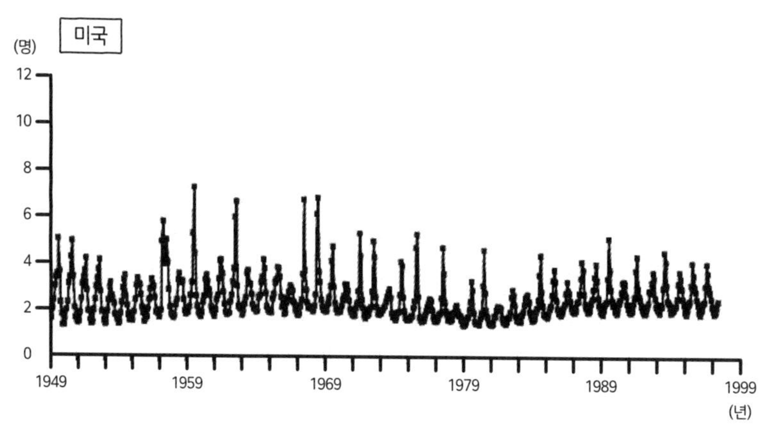

Relchert et al., New Eng J Med, 344, 899-896, 2001을 토대로 작성.

보통 일본과 미국을 비교한다면 위생상으로는 일본이 더 깨끗할 테니 사망률도 더 낮아야 할 텐데, 일본의 사망률이 더 높다니 이상하다고 생각되지 않으시나요? 왜 그런지 조금만 생각해보면 흥미로운 사실을 알 수 있습니다.

문제 ① 이 그래프를 보고 알 수 있는 사실을 열거해봅시다

뾰족뾰족하다는 사실을 알 수 있죠. 사망률이 1년 사이에 오르락내리락하고 있다는 말입니다. 또 한 가지로는 일본의 사망률은 서서히 올라가는 한편 미국은 일정하다는 점이 있습니다. 이 그래프를 보고 두 가지 사실을 알아낼 수 있었습니다.

문제 ② 그렇다면 왜 뾰족뾰족해졌을까요?

데이터를 해석해서 무엇이 이런 결과를 야기했는지 생각해보는 과정은 매우 중요합니다. 뾰족뾰족해진 원인은 뭘까요? 이쯤 되면 알아차리셨겠습니다만, 이 질병은 계절성입니다. 여름과 겨울의 사망률이 다르기 때문에 뾰족뾰족해진 것이죠. 겨울 쪽이 더 높고 2~5년 간격으로 정점을 찍는 모습을 보면 '인플루엔자인가?' 하는 생각이 문득 드실 겁니다.

하지만 아무리 그렇다 해도 일본만 점점 사망률이 높아진다니, 이상하지 않나요? 미국은 일정한데요.

문제 ③ 일본에서 사망률이 높아진 이유는 무엇일까요?

여기가 흥미로운 대목입니다. 다시 한번 그래프를 잘 살펴보세요. 사망률이 높은 쪽은 겨울이고 낮은 쪽이 여름이죠. 하지만 일본은 여름에도 사망률이 오르고 있습니다. 인플루엔자였다면 겨울에 걸릴 텐데요. 그런데 여름에도 사망률이 오르고 있군요. 이유가 뭘까요? 일본에서 1973~1993년에 걸쳐 사망률이 증가한 이유는 뭘까요? 이것이 질문입니다. 원인을 알아내셨나요?

자, 일본과 미국을 비교해봅시다. 1990년대의 인플루엔자에 따른 사망률은 일본 쪽이 압도적으로 높으며 여름의 기초선 역시 높습니다. 그 이유로 추측해볼 수 있는 사실은 1970~1990년대에 걸쳐 일본의 인구가 늘어나지 않았을까 하는 점입니다. 사망률이 높아졌다는 말은 인구가 늘어나면서 노인층의 인구가 많아졌다는 뜻일지도 모르죠. 이러한 가설이 있다면 당연히 증명해야 하므로 조사를 해보겠습니다. 조사를 통해 1970년대에서 1990년대까지 일본의 총 인구는 약 20%가 증가했음을 알 수 있었습니다. 미국 역시 비슷한 수준입니다. 65세 이상의 노인층은 어느 정도나 늘어났느냐, 일본은 700만에서

그림3 인플루엔자성 질환에 따른 사망률과 백신 접종량

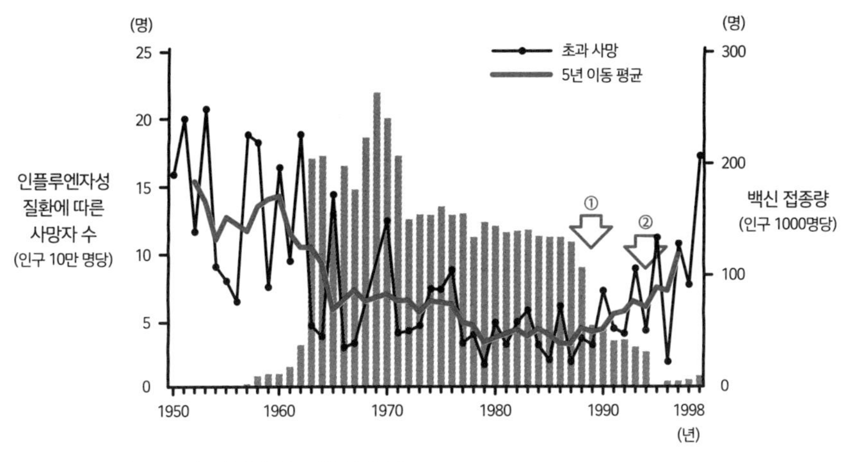

Relchert et al., New Eng J Med, 344, 889-896, 2001을 토대로 작성.

1500만이니 800만 명, 미국은 2000만에서 3100만이니 1100만 명 늘어났군요. 비율은 얼추 비슷합니다. 이러한 사실에서 미루어보아 인구가 원인이 아님을 알 수 있습니다.

그렇다면 무엇이 원인일까요? 그림3의 꺾은선그래프는 인플루엔자에 따른 일본의 사망률이고, 막대그래프는 백신의 정기 접종량입니다. 초등학생의 백신 정기 접종이 꾸준히 진행되다가 ①에서 낮아졌군요. 대체 무슨 일이 일어난 걸까요. 백신의 접종 여부를 각자의 판단에 맡기는 식으로 바꾼 것입니다. 그전까지는 반드시 백신을 맞아야 했지만 ①부터는 개인의 자발적인 의사로 바뀌었습니다. 그래서 접종량이 줄어들기 시작한 것이죠. 이어서 ②로 접어들면 예방접종을 해

야 하는 대상에서 인플루엔자 백신이 제외됩니다. 그러자 보시면 아시겠지만, 거의 0까지 내려가서 아무도 백신을 맞지 않게 되었죠. 그래서 인플루엔자로 인한 사망률이 높아지기 시작한 것이 아닐까, 하는 사실을 알 수 있습니다. 즉, **백신 접종을 강제하지 않았기 때문에 인플루엔자로 인한 사망률이 높아지기 시작했을지도 모른다는 뜻입니다.** 역시 백신 접종이 중요함을 예측해볼 수 있죠.

이번 코로나19와는 다르지만 이 인플루엔자가 유행했을 당시에 무엇이 밝혀졌느냐 하면 병에 걸리는 사람의 수, 즉 이환율(罹患率)입니다(그림4). 이환율은 나이가 어려질수록 높아지니 어린이 쪽이 압도적으로 높습니다. 성인이 되면 크게 변하지 않습니다. 다시 말해 인플

그림4 인플루엔자의 이환율과 사망률

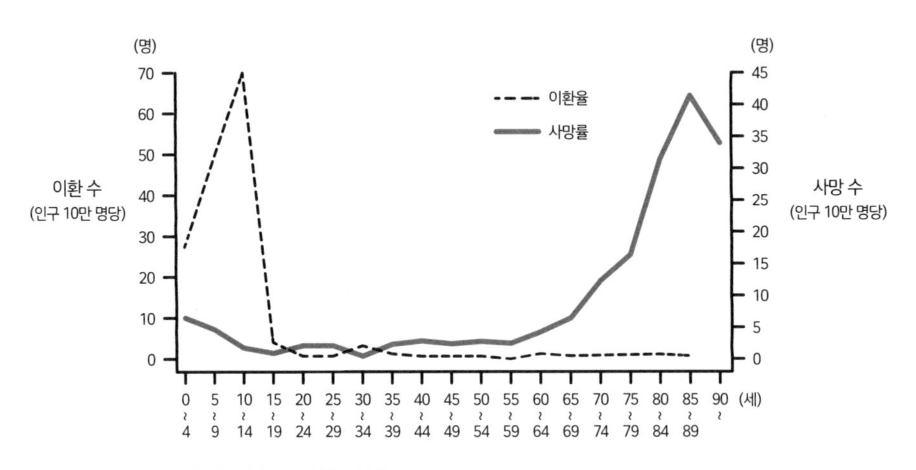

『인플루엔자 팬데믹-신형 인플루엔자의 수수께끼에 다가가다(インフルエンザパンデミック新型インフルエンザの謎に迫る)』(가와오카 요시히로, 호리모토 기요코 지음, 고단샤, 2009)를 토대로 작성.

루엔자는 어린이들이 잘 걸린다는 뜻입니다. 하지만 사망률은 어떨까요? 어린이의 사망률은 낮지만 노년층의 사망률은 높음을 알 수 있습니다. 요컨대 인플루엔자에 잘 걸리는 대상은 어린이들이지만 사망하는 쪽은 할아버지나 할머니라는 뜻이죠. 따라서 역시 초등학생 때의 백신 접종이 중요한 것이 아닐까, **백신 접종이 사회 전체의 바이러스 총량을 낮추는 데 도움을 주고 있지 않나**, 하는 사실이 인플루엔자라는 경험을 통해 밝혀진 셈이죠. 백신에 대해서는 제4장에서도 이야기해보도록 하겠습니다.

여기까지가 도입부였습니다. 이런 식으로 우리도 데이터를 따져가며 살아가야 한다는 예로 코로나19나 인플루엔자 백신에 관한 이야기를 들려드렸습니다. 이렇듯 생명과학은 우리의 건강에 무척 깊이 관여하고 있습니다. 어느 정도의 지식은 모두들 갖추어야 한다는 뜻이죠.

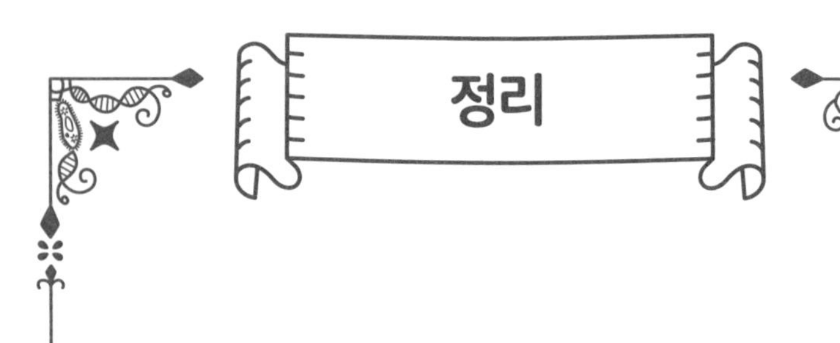

정리

- 생명과학에서는 인간이 중심이며 의료에 관한 이야기가 주를 이룹니다.
- 코로나19를 예로 들어 생명과학의 사고방식을 소개해보았습니다. 데이터에서 무슨 일이 벌어나고 있는지 해석할 수 있었나요?

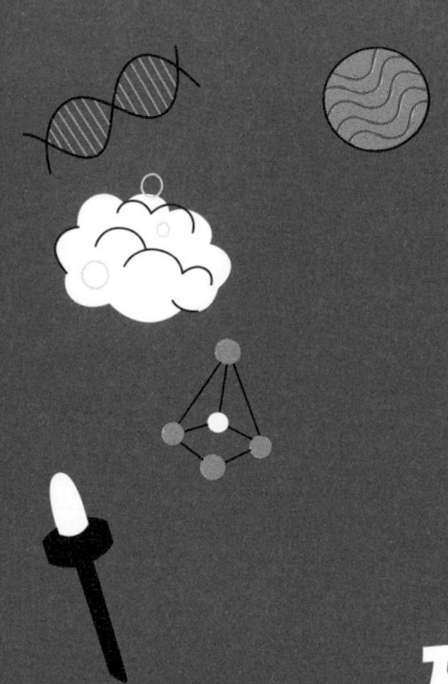

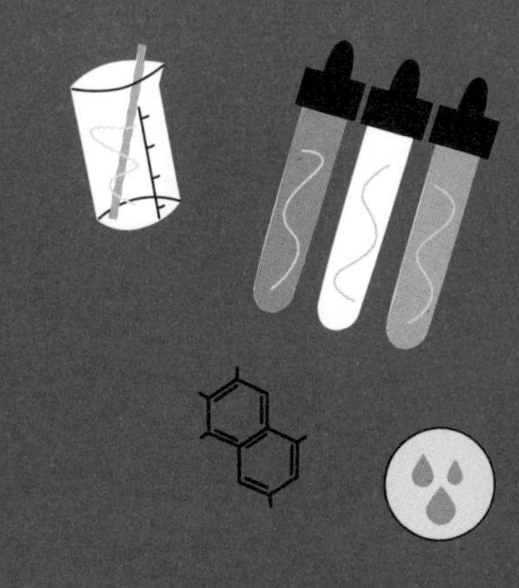

제 1 장

진화 이야기

인간과 침팬지의 차이

이번에는 생명과학에서도 진화에 관한 이야기를 해볼까 합니다. 진화에서는 실제로 무슨 일이 벌어지는지, 재미있는 이야기가 많이 준비되어 있습니다. 그럼, 한번 들어가 볼까요. 첫 번째 문제입니다.

문제 ① 침팬지와 인간은 교잡될 수 있을까요?
② 어떻게 공통조상에서 인간으로 진화할 수 있었던 것일까요?

침팬지와 인간은 교잡될 수 있을까요? 아이를 가질 수 있을까요? 누가 이렇게 묻는다면 보통은 불가능하다고 대답하겠죠. 불가능하다면 어떻게 공통조상으로부터 인간으로 진화할 수 있었던 걸까요? 인간과 침팬지의 중간잡종이 생겨날 수 없는데 무슨 수로 인간이 생겨날 수 있었죠?라는 질문입니다. 이해하셨나요?

염색체에 대해서는 이후에 이야기하겠습니다만, **인간의 염색체는 46개지만 침팬지는 48개**입니다. 개수가 다르니 보통은 생식도 불가능하죠. 그렇다면 어떻게 공통 선조에서 인간과 침팬지가 생겨난 걸까요? 이러한 사실을 염두에 두고 설명해보겠습니다.

인간을 인간답게 만들어주는 것

침팬지와 인간의 유전자 차이는 겨우 1.23%로, 99% 가까이 동일합니다. 굉장하죠. 그렇다면 인간의 이 높은 지능은 어디서 비롯되었는지 궁금하지 않습니까? 인간과 침팬지가 갈라져 나온 시기는 지금으로부터 약 600만 년 전으로 생각됩니다. 물론 인간과 침팬지는 교잡될 수 없습니다. 시도하려 해봐야 소용없습니다. 불가능합니다.

지금으로부터 20여 년 전, 당시 가톨릭 교회의 수장이었던 교황 요한 바오로 2세는 "인간과 조상 원숭이(공통 선조)와의 사이에는 넘기 힘든 불연속점이 있다"라고 말했습니다. 인간과 침팬지는 유전자가 무척 비슷하다고 했죠. 그럼 무엇이 다른가, '인간에게는 신이 "정신"을 불어넣었다'는 말입니다. 재미있죠. 정신이란 무엇인지, 알고 싶지 않으신가요?

염색체, DNA, 유전자, 게놈, 뭐가 다를까?

따라서 여기서는 잠깐 용어에 대해 짚고 넘어가려 합니다. 지금부터 여러 용어가 등장할 텐데, 본래 우리가 지닌 유전자는 대개 모두 동일하지만 염색체, DNA, 유전자, 게놈 등은 부르는 방식에 따라 조금씩 다릅니다. 어떻게 다른지 잘 기억해두세요.

염색체는 흔히 그림처럼 그려져 있을 겁니다. 몇 개인지 세보면 전부 46개입니다. 46개인데 23쌍인 이유는 똑같은 것이 2개씩 있기 때문이죠. 이 2개는 한쪽은 아버지로부터, 나머지 한쪽은 어머니로부터 물려받은 것이니 아버지의 정자에는 23개, 어머니의 난자에는 23개가 있고, 이 둘이 합쳐져서 총 46개가 됩니다. 이 염색체를 쭉 잡아당겨보면 이중나선 구조인 DNA가 되는 것이죠(그림). DNA의 일부가 읽히면 mRNA를 통해 단백

그림 염색체와 DNA

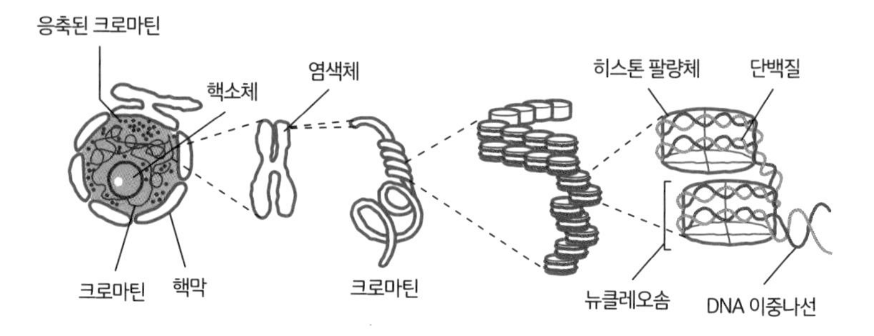

『현대 생명과학 제3판(現代生命科学 第 3 版)』(도쿄대학교 생명과학 교과서 편집위원회 편집, 요도샤, 2020)을 토대로 작성.

질이 형성되는데, 그 부분을 유전자라고 부릅니다(→제3장 참조). 즉, 염색체와 DNA는 동일하다는 뜻이죠. 둘은 동일하고, 자, 그럼 DNA가 감겨 있는 동그란 물질이 보이시나요? 바로 단백질입니다. DNA와 단백질이 결합하면서 뉴클레오솜 혹은 크로마틴(염색질)이 된다는 사실을 기억해두세요. 이게 굵어진 것이 바로 염색체입니다. 그럼 **게놈**이란 무엇이냐, 그 생물이 지닌 모든 DNA 배열을 가리킵니다.

염색체와 생식세포

우리의 몸에서 유전자를 채취해보면 사실은 어디서든 똑같은 염색체가 채취됩니다. 인간의 모든 체세포에는 동일한 염색체가 존재하기 때문이죠. 염색체는 긴 것부터 1번, 2번, 3번과 같은 순서로 22번 염색체까지 2개씩 존재합니다(오른쪽 그림). 모두 합치면 44개인 셈이죠. 방금은 46개라고 했는데 뭐가 다른 거냐, 라고 물으신다면 나머지 2개가 조금 다릅니다. 나머지 두 염색체는 여성의 경우 XX, 남성은 XY를 갖고 있죠. 바로 이 부분에서 차이가 납니다. 남성만 가진 것이 바로 Y염색체입니다. X염색체는 여성이 2개, 남성은 하나뿐이죠. 이 차이점을 기억해두세요.

오른쪽 그림이 바로 여러분의 세포 속 염색체 일람입니다. 2개씩 짝을 이루고 있죠. 정자나 난자가 될 때 둘 중 하나가 정자 속, 난자 속으로 들어갑니다. 따라서 정자 안이나 난자 안에는 둘 중 하나가 들어가고, 다음으로 또 둘 중 하나가, 이런 식으로 들어가면서 모

그림 인간의 염색체 일람

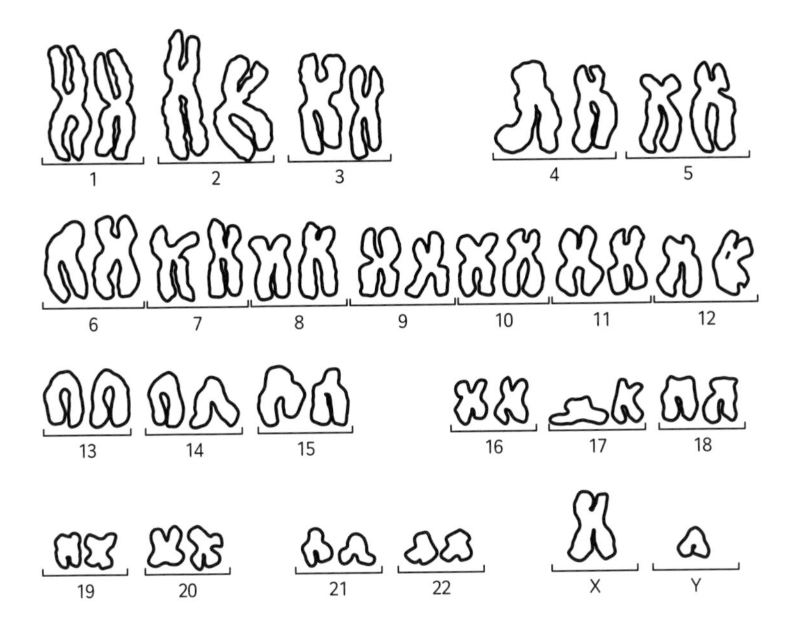

두 23쌍이 존재하게 됩니다. 각각 2분의 1 확률로 삽입되는 셈이니 정자와 난자가 가질 수 있는 염색체 조합의 개수는 2의 23제곱임을 알 수 있습니다. 이처럼 같은 사람에게서 채취한 정자라도 유전자의 조합이 이렇게나 많으니 형제자매라 하더라도 완전히 똑같은 유전자를 지닌 사람이 없는 까닭을 이해하셨을 겁니다.

여기서 문제 ①로 돌아갑니다만, 침팬지의 염색체는 48개이니 정자나 난자가 되면 여기서 절반으로 나뉘어 24개가 되겠죠. 인간은 46개이니 그 절반은 23개입니다. 한쪽은 24개, 다른 한쪽은 23개이므로 절대로 합쳐질 수 없죠. 따라서 아이가 생겨나지 못하는 것입니다.

이처럼 인간과 침팬지의 사이에서는 아이가 생겨날 수 없지만 유전자의 차이는 겨우 1.23%입니다. 그럼 어느 부분이 다른 걸까요?

염색체가 끊어지고 다시 붙었다

유전자를 자세히 살펴보면 인간의 제2염색체(긴 것부터 두 번째 염색체)와 침팬지의 염색체는 매우 비슷하게 생겼다는 사실을 알 수 있습니다(그림1A). 하얀 부분은 인간과 동일합니다. 다시 말해 침팬지의 경우는 인간의 제2염색체가 끊어지고 두 개로 나뉘면서 염색체의 수가 늘어났음을 알 수 있죠. 이 사실이 어떤 점을 시사하느냐, 공통조상의 염색체는 본래 48개였던 것입니다. 그런데 점선 부분에서 끊어지고 위쪽의 하얀 부분과 아래쪽의 하얀 부분이 하나로 합쳐지면서 인간이 되었다고 생각됩니다. 이처럼 **2개의 염색체가 끊어지고 서로 합쳐지는 현상을 가리켜 상호전좌(相互轉座)라고 부릅니다. 인간은 상호전좌를 통해 생겨난 것입니다.**

그러면 인간만이 지닌 부분은 어디일까요? 이음매 부분이겠죠. 따라서 제2염색체의 이음매 부분에 정신과 관련된 유전자가 있을지도 모른다고 생각한 사람이 있었을 겁니다. 그래서 필사적으로 찾아보았지만 끝끝내 발견되지 않았습니다. 유감이지만 그 가설은 틀렸던 것이죠.

그림1 인간과 침팬지의 염색체 차이

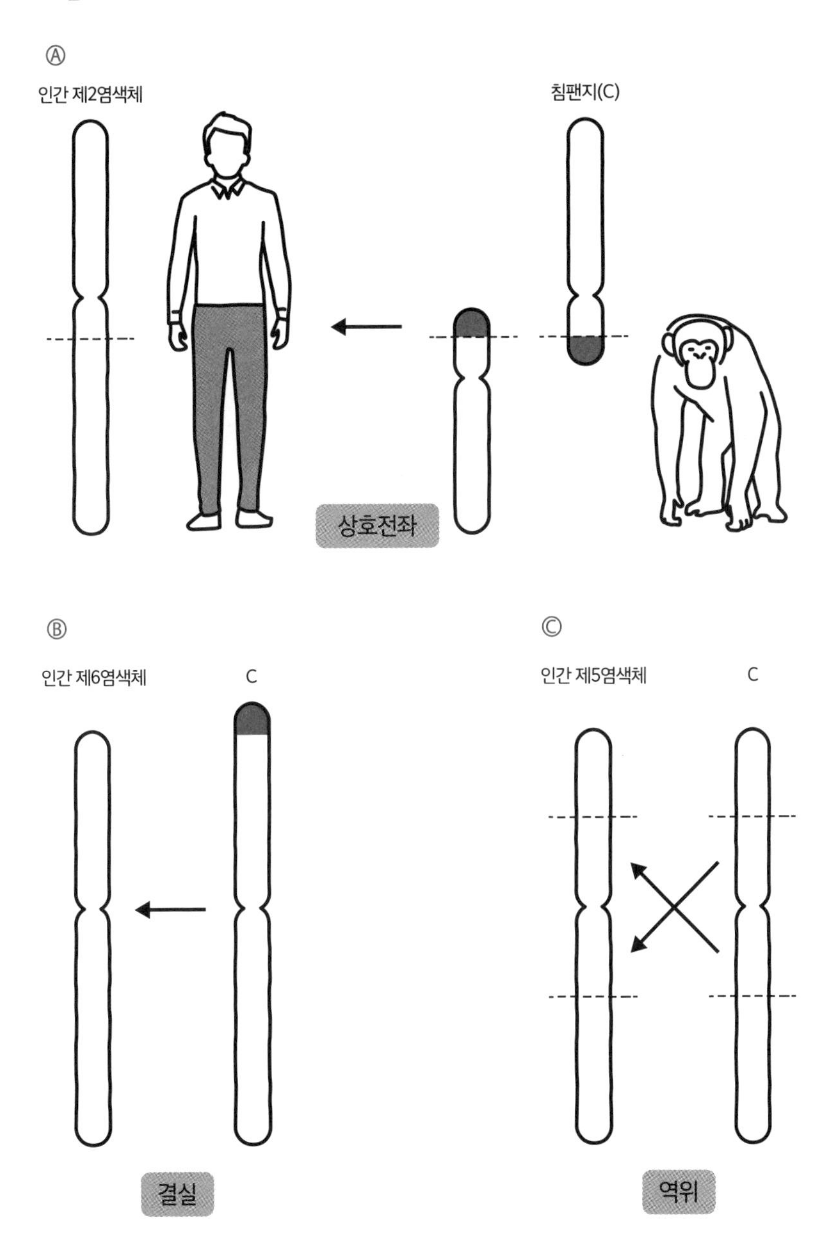

유전자가 사라졌다

다른 염색체도 살펴봅시다(그림1B). 인간의 제6염색체와 침팬지의 어느 염색체 역시 거의 비슷합니다. 침팬지 쪽이 조금 더 길군요. 검은 부분이 사라지면서[**결실(缺失)**이라고 합니다] 인간의 제6염색체가 되었습니다. 침팬지와 인간을 비교해보면 인간 쪽이 더 복잡하고 유전자의 개수도 더 많지 않을까 싶으실 겁니다. 하지만 염색체를 살펴보면 침팬지가 더 많고, 그곳에서 불필요한 부분을 잘라내면서 인간이 된 것처럼 보입니다. 다시 말해, 높은 기능을 지닌 **인간은 침팬지의 유전자에서 일부가 사라지며 생겨났다고도 볼 수 있다는 뜻입니다.** 재미있는 발상이죠.

유전자가 뒤집혔다

한 가지 더, 제5염색체를 살펴보면 침팬지의 염색체는 중간 부분이 거꾸로 뒤집혀 있습니다(그림1C). 위아래가 뒤집혀 있죠. 전체적으로 보았을 때는 똑같지만 뒤집혀 있기 때문에 **역위(逆位)**라고 부릅니다.

현재는 이러한 부분이 다수 발견되면서 공통조상으로부터 인간으로 변했을 당시 유전자에 이와 같은 큰 변화가 존재했으리라 받아들여지고 있습니다.

그럼 다시 여러분께 문제 하나를 내보겠습니다. 그림2처럼 왼쪽에서 오른쪽으로 역위가 발생했습니다. 공통조상의 배열 방식은

그림2 역위

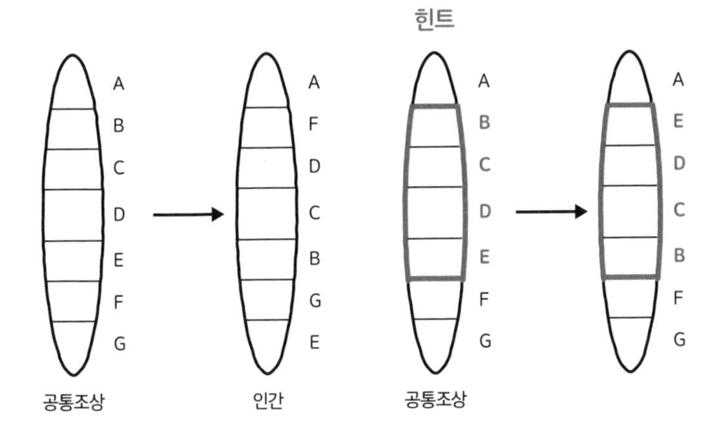

ABCDEFG, 인간은 AFDCBGE입니다. 그 말은 어딘가에서 역위가 발생해 거꾸로 뒤집히면서 인간의 배열로 변했음을 가리킵니다.

문제 그럼, 인간의 배열이 되려면 최소 몇 번이나 뒤집혀야 할까요?

힌트로 하나만 예를 들어볼 텐데, 이를테면 B와 E 사이에서 역위가 발생했다 가정해보겠습니다. 그러면 BCDE였던 부분이 위아래 반대로 뒤집힐 테니 위에서부터 AEDCBFG가 되겠죠. 그다음에는 또다시 어딘가와 어딘가가 뒤집히고…… 이런 식으로 몇 번이나 뒤집혀야 인간의 배열을 이루게 될까요? 해답은 1장 마지막(→76쪽)에서 확인해주세요.

언어능력에 관여하는 유전자

그 외에도 재미있는 연구가 아주 많습니다. 그림의 계통수*를 보면 생쥐, 붉은털원숭이, 오랑우탄, 고릴라, 침팬지, 인간이 차례대로 갈라져 나온 것으로 보입니다. 그렇다면 인간만이 보유한 기능이란 무엇일까요?

바로 두 발로 서서 걸으며 언어를 사용한다는 점이겠죠. 그중에서 언어 사용과 관련된 유전자가 발견되었습니다. 이 유전자가 인간에게서 변이를 일으키면 제대로 언어를 사용하지 못하는 병에 걸리게 됩니다. 바로 난독증이라는 병입니다. 이런 언어능력과 관련된 유전자가 하나 발견되었습니다. 이 유전자는 인간만이 지닌 유전자일까요? 침팬지나 고릴라도 갖고 있지 않을까요? 모두의 배열이 동일했다면 이 유전자는 언어에 관여하고 있지 않은 셈이겠죠. 그래서 조사해봤습니다. 그러자 흥미로운 사실이 밝혀졌습니다. 검은 동그라미 부분에서 유전자에 변이가 발생했던 것이죠. 즉, 인간은 다른 종과 달리 2개의 유전자가 변이를 일으켰다는 말입니다. 어쩌면 이 유전자에 변이가 일어나면서 인간처럼 말을 하게 되었는지도 모릅니다.

그럼, 어떻게 확인해보면 좋을까요? 이러한 인간형 변이를 지닌 침팬지를 만들어내는 방법이 있겠죠. 침팬지가 말을 할 수 있게 되었다면 언어와 관련된 유전자였다는 사실이 밝혀질 겁니다. 하지만 침팬지의 유전자를 교체하는 것에는 윤리적인 문제가 따르기 때문에 유감스럽게도 현재로써는 불가능합니다. 하지만 마음만 먹으면 가능하죠. 이처럼 연구에는 무척이나 흥미로운 부분이 가득합니다. 인간만이 지닌 능력은 어디에서 비롯된 것일까? 이러한 문제를 연구하는 학자들이 있다는 사실도 알아두세요.

사회성도 진화했다

조금 전에 언급했듯이 이족보행과 언어란 공통조상으로부터 인간으로 진화하면서 생겨난 능력입니다만, 그 외에 사회성 역시 진화했다는 사실이 밝혀졌습니다. 오랑우탄과 고

---

* 系統樹: 생물의 발생이나 진화의 모습을 나뭇가지처럼 표현한 그림.-옮긴이

그림 언어능력과 연관된 유전자

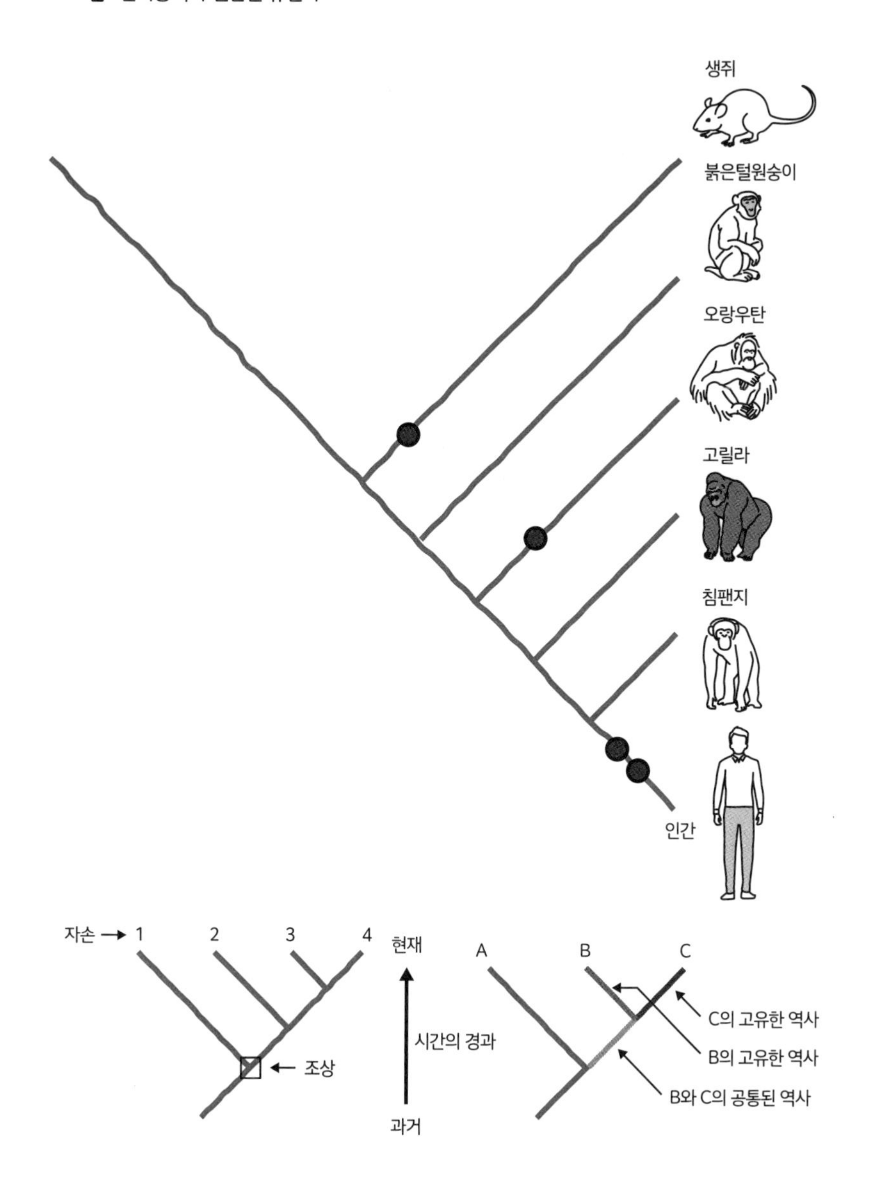

그림 사회성의 진화

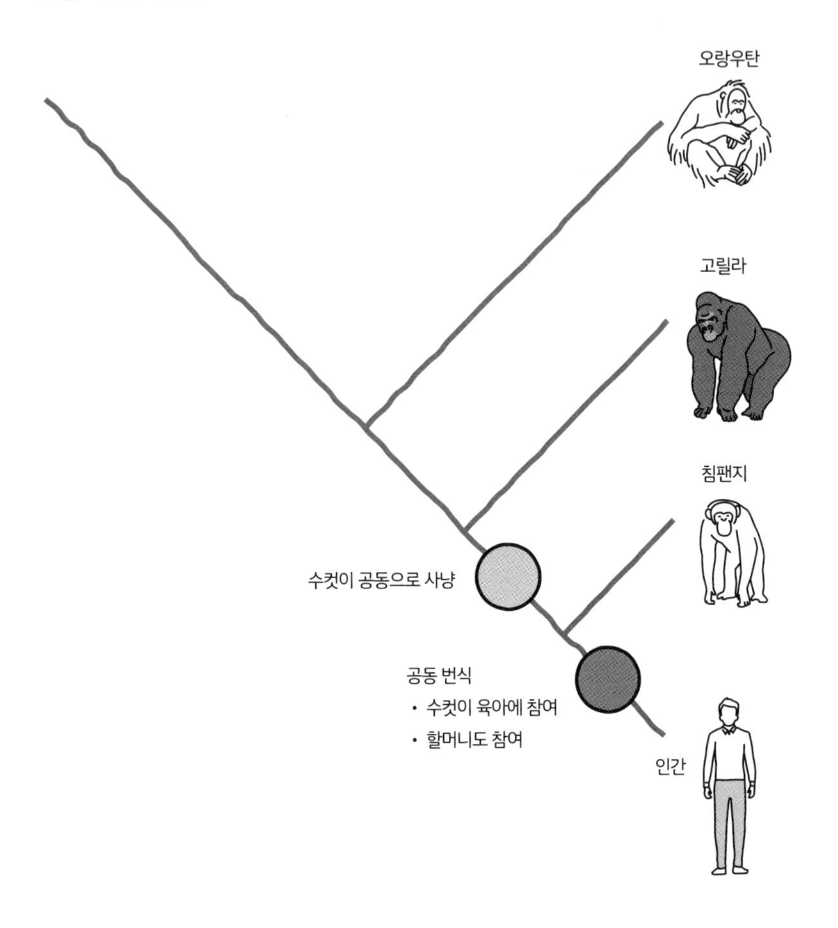

릴라는 침팬지, 인간과 어떻게 다를까요? 여기서 뭔가가 달라졌습니다. 무엇이 달라졌느냐, 수컷이 공동으로 사냥을 하게 되었죠. 오랑우탄과 고릴라는 저 혼자서 먹이를 구해오지만 침팬지는 그렇지 않습니다. 모두가 함께 먹잇감을 해치웁니다. 이런 식으로 사회성이 변해왔음이 밝혀졌습니다(그림). 그렇다면 이 사회성을 규정한 것은 무엇일까요? 이 또한 흥미로운 점이겠죠.

침팬지는 지니지 못했지만 인간만이 지닌 능력도 있습니다. 수컷이 육아에 참여하거나 할머니가 육아에 참여하는 능력이죠. 그럼 침팬지와 인간의 유전자를 조사해보면 그 다른 부분에서 육아에 가족이 참여하는 능력의 원인이 발견될지도 모르겠군요. 진화 연구와 유전자 연구는 이처럼 서로 연관성이 있음을 알 수 있습니다.

생물 중의 인간

생물 전체에서 따졌을 때 인간의 위치를 살펴봅시다(그림3). 화살표로 표시된 부분이 최초의 원시 생물입니다. 원시 생물로부터 왼쪽의 박테리아(진정세균)가 갈라져 나왔습니다. 인간은 오른쪽의 진핵생물에서

그림3 생물의 계통수

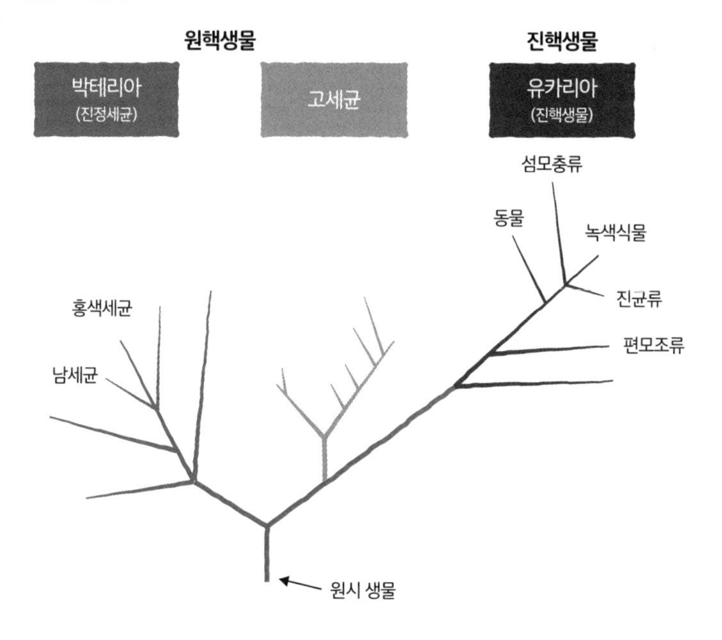

도 동물에 속합니다. 진핵생물로 향하는 가지 쪽에 하나의 큰 그룹이 보이는군요. 이 그룹을 고세균(Archaea)이라 부릅니다. 예전에는 훨씬 오래된 세균일지도 모른다고 여겼기 때문에 고세균(古細菌)이라는 이름이 붙었죠. 깊은 바닷속 화산 같은 곳이나 짙은 염분 속에서도 살아남을 수 있는 세균입니다. 다시 말해 옛 지구에서 살고 있었을지도 모른다고 여겨지는 세균류가 바로 고세균입니다. 그런데 고세균의 유전자를 살펴보니 박테리아보다는 인간이나 식물에 더 가까운 생물이었다는 사실이 밝혀졌습니다.

포유류의 진화

그럼 포유류를 몸의 생김새로 살펴보는 형태 진화에 대해 먼저 알아보겠습니다(그림4). 맨 오른쪽이 인간입니다. 고릴라, 토끼, 생쥐 등이 보이고 가장 원시적인 녀석이 오리너구리나 바늘두더지입니다. 오리너구리를 아시나요? 얼핏 보면 입이 오리처럼 생겼죠. 물속에서 살지만 포유류입니다. 포유류는 젖으로 새끼를 키우죠. 대부분이 태생(胎生)이며, 모체 내에서 어느 정도 성장한 뒤에 태어납니다. 그런데 오리너구리는 알을 낳습니다. 무슨 뜻인지 아시겠습니까? 알을 낳는 포유류는 극히 드뭅니다. 이는 오리너구리가 매우 원시적인 포유류라는 뜻입니다. 바늘두더지 역시 알을 낳는 원시적인 포유류입니다.

그림4 포유류의 진화

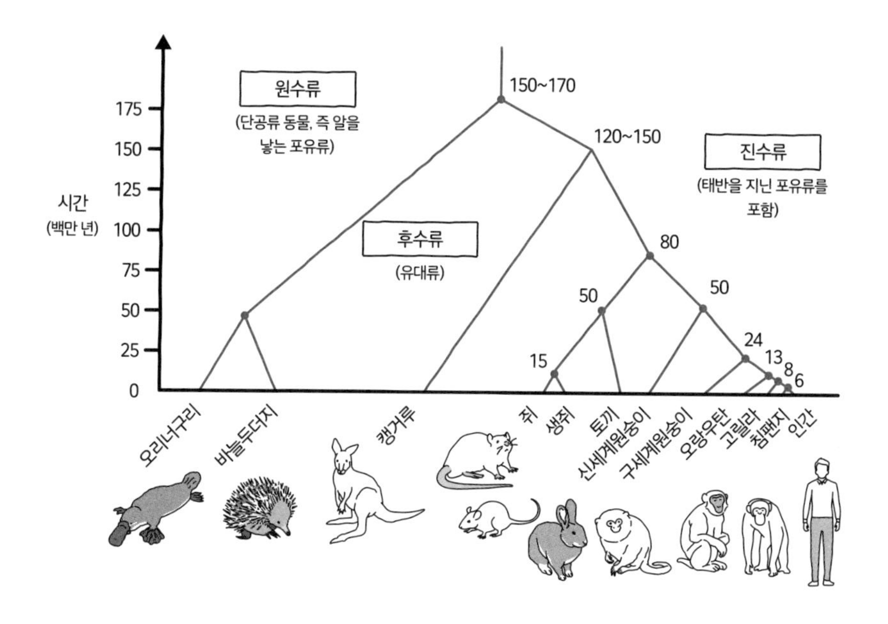

Kumar S & Hedges SB:Nature, 392:917-920, 1998과 『인간과 분자유전학 제4판(ヒトの分子遺伝学 第4版)』(무라마쓰 마사미, 고미나미 료 감수, 무라마쓰 마사미, 고미나미 료, 사사즈키 다케히코, 쓰지 쇼지 감역, 메디컬사이언스 인터내셔널, 2011)을 토대로 작성.

다음으로 갈라져 나온 부류는 유대류로, 주머니를 지닌 캥거루의 친척들입니다. 그 이후로 태반을 가진 동물이 갈라져 나오게 됩니다. 쥐나 생쥐는 아주 최근에 갈라져 나왔습니다. 그 중간 가지에서 갈라져 나온 동물이 바로 토끼죠. 토끼의 이빨은 앞으로 두 개가 나 있습니다. 쥐처럼 말이죠. 즉, 토끼와 쥐는 비슷한 무리인 셈입니다. 이런 식으로 진화를 설명할 수 있습니다.

모두 쥐의 일종이지만 무슨 차이가 있는지 아시나요? 실험을 하다 보면 알게 되는 사실이지만 생쥐 쪽이 더 냄새가 심합니다. 크기를 비교해보면 시궁쥐처럼 커다란 녀석이 쥐입니다. 그에 비해 손바닥 안에 다 들어갈 정도로 작은 녀석을 생쥐라고 부르죠. 미키마우스의 마우스가 바로 생쥐입니다.

유전자 배열로 알 수 있는 진화

하지만 이래서야 너무 수박 겉핥기 느낌이라 진화의 정도를 정확하게 알 수는 없겠죠. 따라서 유전자를 조사해봐야 알 수 있다는 사고방식이 바로 분자진화입니다. 조금 어려우니 자세히 설명하지는 않겠습니다만, 예를 들어 혈액 속 산소를 운반하는 헤모글로빈이라는 단백질은 어류에서 포유류에 이르기까지 모두 지니고 있습니다. 그 헤모글로빈의 아미노산 배열을 자세히 살펴보면(그림5) 인간과 쥐는 같으니 포유류는 동일합니다만, 새(조류)로 넘어가면서 다른 부분이 조금씩 보이기 시작하죠. 가장 차이가 나는 것은 역시나 인간과 상어(어류)겠죠. 이를 통해 어류가 가장 먼저 갈라져 나온 동물이리라고 추측해볼 수 있습니다. 척추동물은 어류 다음으로 양서류(개구리), 이어서 파충류(거북이)가 갈라져 나왔고, 파충류의 중간 지점에서 조류가 생겨났습니다. 그 후로 포유류가 갈라져 나왔음을 알 수 있죠.

그림5 포유류의 진화와 아미노산 배열

헤모글로빈의 아미노산 배열

인간	A	Q	V	K	G	H	G	K	K	V	A
쥐	A	Q	V	K	G	H	G	K	K	V	A
새	A	Q	I	K	G	H	G	K	K	V	V
거북이	A	Q	I	R	T	H	G	K	K	V	L
개구리	A	Q	I	S	A	H	G	K	K	V	A
상어	P	S	I	K	A	H	G	A	K	V	V

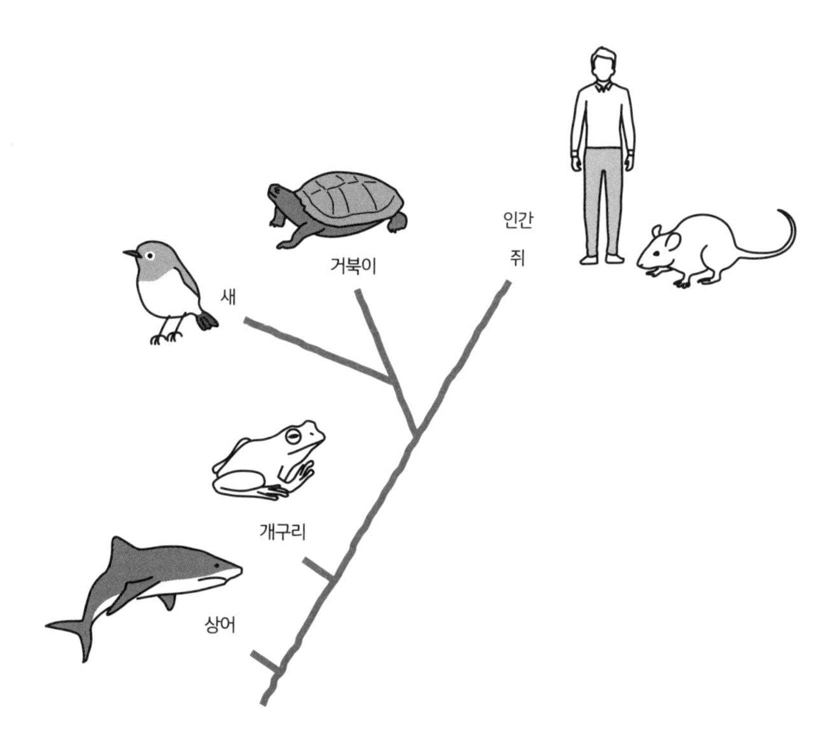

공룡은 누구의 친척일까?

공룡은 사실 새의 조상에 해당합니다. 우리 주변의 조류는 공룡의 자손이죠. 그림은 공룡의 계통수입니다. 흔히 접해본 공룡이 많을 겁니다. 이런 식으로 조금씩 갈라져 나오다 마지막으로 조류가 생겨난 것이죠.

그림 공룡의 계통수

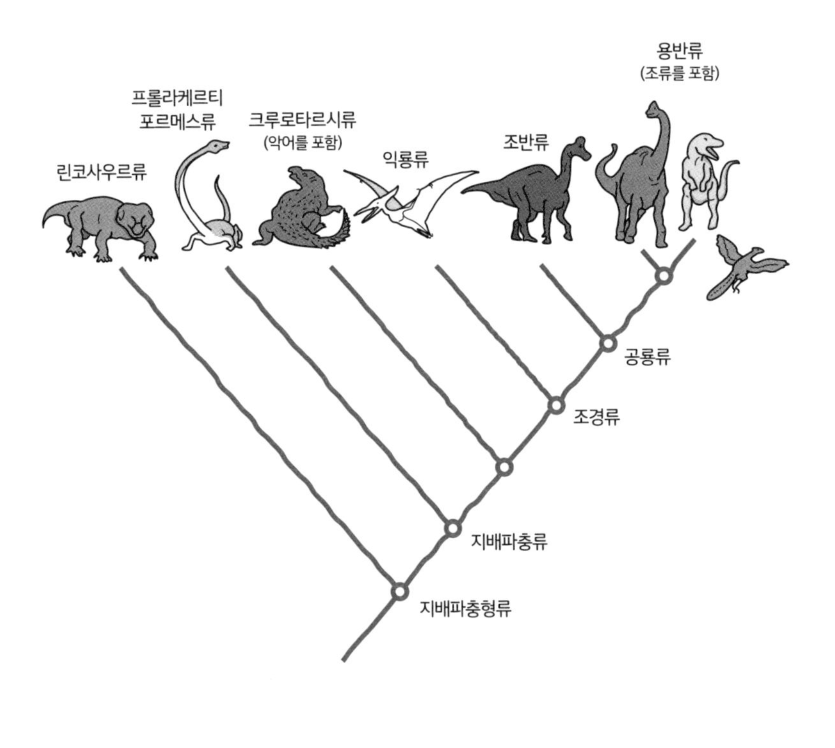

진화는 일정한 방향으로 이루어진다?

진화를 살펴보다보면 여러모로 재미있는 일이 벌어지고 있음을 알 수 있습니다. 여러분은 알고 계셨나요? 말의 화석을 예로 들어보죠. 시대를 과거로 거슬러 올라가면 올라갈수록 점점 개체의 크기가 작아짐을 알 수 있습니다. 처음에는 아주 작았던 녀석이 지금은 커진 것이죠. 다시 말해 뼈가 점점 커지는, 어느 일정한 방향으로 진화한 셈입니다. 이를 정향진화라고 부릅니다. 화석을 조사하면서 진화가 계속 한

그림6 얼굴의 개체발생

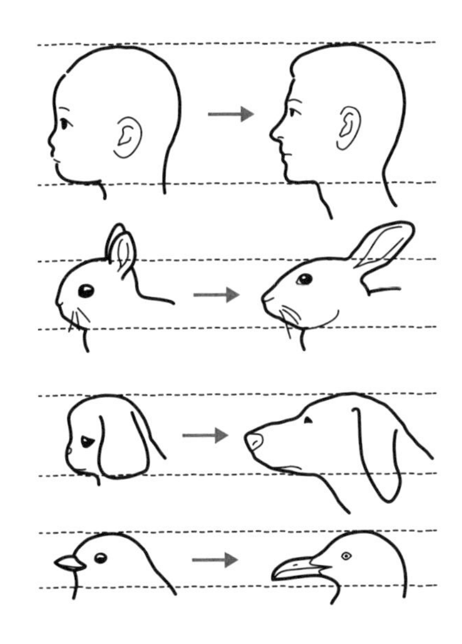

「동물과 인간의 행동 연구(Studies in animal and human behaviour)」(Konrad L & Robert M, Methuen, 1971)을 토대로 작성.

방향을 따른다는 사실을 알게 된 것이죠.

같은 동물이라도 새끼일 때의 얼굴은 다 크면 그림6의 오른쪽처럼 변해갑니다. 인간 역시 마찬가지죠. 이를 보면 얼굴의 개체발생 정도를 알 수 있습니다. 토끼도 새끼와 성체는 전혀 다르고, 개 역시 마찬가지이며 새 또한 그렇습니다. 이 그림을 보고 무엇을 눈치채셨나요? 어느 일정한 방향으로 얼굴 형태나 뼈가 움직이며 정향진화(정확히는 '진화'가 아닙니다만 정해진 방향으로 변한다는 점에서 이러한 표현을 사용하고 있습니다. 만일을 위해 적어둡니다)하고 있음을 알 수 있습니다. 일반적으로는 얼굴이 동그랄수록 귀엽다고들 하죠. 반대로 얼굴이 갸름하면 갸름할수록 얄미운 얼굴이라고들 합니다. '아기처럼 얼굴이 동그란 것은 귀엽다, 그러니 돌봐주어야 한다'라고 생각하게 되는 것이죠.

미키마우스의 진화

이건 우스갯소리로 하는 말이지만 미키마우스 역시 진화하고 있습니다. 미키마우스가 처음 나왔을 때부터 얼굴의 크기를 측정해본 사람이 있거든요. 크기를 재보니, 그림6과 마찬가지로 일정한 방향으로 진화하고 있음을 알 수 있었습니다. 재미있죠?

화석만으로는 알 수 없다?

DNA를 살펴볼 수 있게 되기 전까지 진화는 화석을 통해서만 조사할

수 있었습니다. 정향진화 역시 화석을 통해 알아낸 사실이죠. 그런데 말이죠,

문제 생물의 진화를 화석만으로 논의한다는 것은 위험합니다. 어째서일까요?

한번 생각해보세요. 화석으로 남지 않는 것도 있잖아요? 그런 부분은 어떻게 하느냐, 이 말입니다. 화석으로 알 수 있는 부분은 골격의 변화입니다. 형태는 알 수 있지만 골격으로 드러나지 않는 변화는 놓치게 될 가능성이 충분하다는 뜻이죠. 몸속의 화학반응 역시 변했을 것입니다. 하지만 그러한 변화는 화석으로 남지 않습니다. 진화를 골격만으로 조사한다는 것은 역시나 문제가 있다는 뜻입니다.

최근에 이러한 사실들이 밝혀지면서 예전에는 같은 종으로 분류되었지만 DNA 조사 결과 전혀 다른 종이었음이 드러난 경우도 있습니다. 그 외에도 다양한 사실들이 명확해지기 시작했죠.

단 하나의 유전자 변이가 초래하는 결과

우리가 지닌 30억 개의 DNA 염기 중 단 하나만 달라져도 그 형태가 크게 달라지는 경우가 있습니다. 몇 가지 예를 소개해드리겠습니다.

쓴맛에 대한 감수성

PTC 감수성이라 해서 쓴맛에 관한 흥미로운 연구가 있습니다. 어떤 시약을 핥아보았을 경우, 쓰다고 느끼는 사람과 전혀 느끼지 못하는 사람이 있었습니다. 무엇이 다른지 살펴보았더니 단 하나의 유전자가 다를 뿐이었습니다. 유전자가 하나 다를 뿐인데 쓴맛을 감지하는 방식이 달랐던 것입니다. 하지만 이 사실은 죽어서 뼈만 남은 뒤에는 전혀 알 수 없겠죠.

털 없는 쥐

'헤어리스'라는 유명한 쥐가 있습니다. 털과 관련된 유전자 단 하나가 다를 뿐인데 털이 수북했던 쥐의 털이 모조리 사라져버렸죠. 털(hair)이 없어져서(less) 헤어리스입니다.

다리뼈의 이상

연골무형성증이라는 질병이 있습니다. 이 또한 FGF 수용체 유전자에 단 하나의 변이가 일어났을 뿐입니다. 그럴 경우, 소인증이라 해서 다리뼈가 기형적으로 짧아진다는 사실이 밝혀진 바 있습니다.

이처럼 유전자 변이의 수와 형태 전체의 변화는 그다지 비례하지 않음을 알 수 있습니다.

의외로 느린 인류의 이동

그럼 여기서부터는 지금까지 들려드린 이야기에 입각해, 인류가 생겨난 뒤로 어떻게 널리 퍼져갔는지, 그리고 그 사실이 어떻게 밝혀졌는지에 대해 이야기해볼까 합니다.

인류의 조상

네안데르탈인은 현생인류가 등장하기 이전에 지구에서 살고 있었던, 약 3만 년 전에 멸종했으리라 생각되는 인종입니다. 이 네안데르탈인의 뼈가 발견되었습니다. 그 뼈에서 채취한 유전자를 분석해본 결과, 불그스름한 털을 지녔을 것으로 추측합니다. 유전자가 남아 있으면 어떤 사람이었는지를 알 수 있습니다. 굉장하죠? 유전자를 통해 얼굴 형태까지 추측할 수 있을 것이라고 말하는 사람도 있습니다.

그림7은 현재까지 밝혀진 인류의 궤적입니다. 오스트랄로피테쿠스(猿人, 원인)라는, 원숭이와 닮았지만 두 발로 걷는 인류가 존재했다는 사실이 밝혀진 바 있습니다. 거기서 자바 원인(原人, 원인)→네안데르탈인(舊人, 구인)→크로마뇽인(新人, 신인)으로, 그리고 크로마뇽인이 현생인류의 조상이 되었습니다. 이러한 식으로 진화하면서 머리의 생김새나 크기도 조금씩 달라졌다고 합니다.

하지만 문제가 있으니, DNA를 채취할 수 있는 경우는 약 3, 4만 년

그림7 인류의 궤적

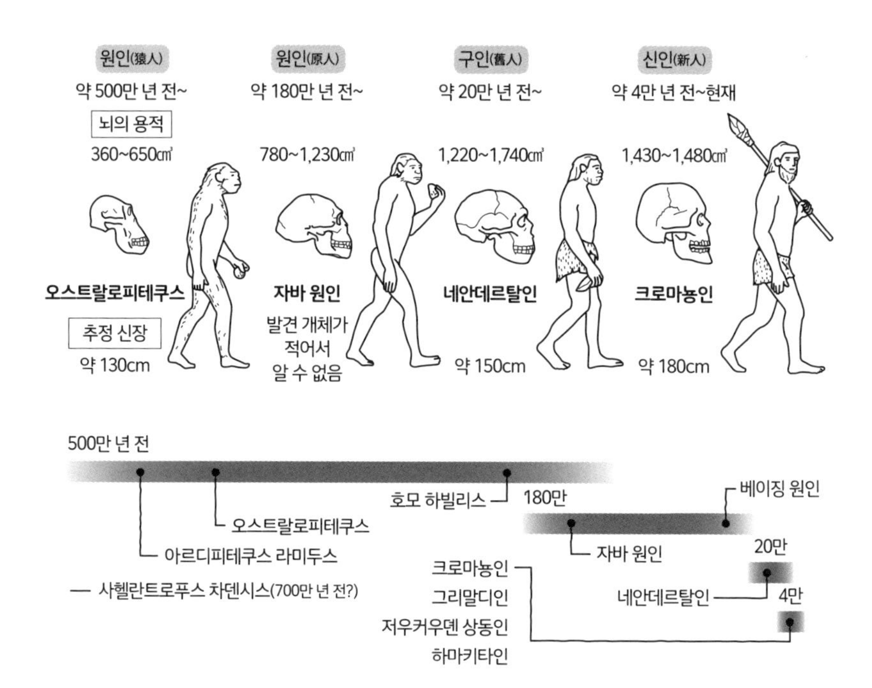

전까지라는 사실입니다. 자바 원인이나 베이징 원인 역시 뼈가 발견되었지만, 그 뼈에서는 DNA를 채취할 수 없습니다. 훨씬 예전의 인간은 더더욱 채취할 수 없을 것입니다. 그러니 어떤 사람이었는지 알 수가 없는 것이죠. 네안데르탈인만이 간신히 어떤 사람이었는지 밝혀지기 시작했습니다. 하지만 현생인류의 조상은 아니었습니다. 네안데르탈인은 멸종했기 때문이죠. 그런 사실을 어떻게 알아냈는지 알아보겠습니다.

아프리카에서 세계로

여러분도 아시다시피 인류는 아프리카에서 태어났습니다. 아프리카에 태어나서 탈(脫)아프리카를 통해 이집트 부근으로 빠져나와 전 세계로 퍼져나갔죠(그림8). 처음에는 유럽이나 아시아로 퍼져나갔습니다. 아시아에서 오스트레일리아 대륙에 도착한 때는 약 5만 년 전으로 추측됩니다. 배를 타고 노를 저어서 갔을까요? 아니오, 사실 몇 만 년 전까지는 육지가 이어져 있었으리라 생각됩니다. 아메리카 대륙 역시 이와 마찬가지여서, 유라시아 대륙과 북아메리카 대륙 사이에 베링해협이 이어져 있었죠. 이 경계를 넘어서 아메리카 대륙으로 점점 퍼져나갔습니다. 최남단인 혼곶에는 지금으로부터 1만 3000년 전에 도달했으리라 생각됩니다.

그림8 인류의 이동

문제 그럼, 알래스카에서 파타고니아까지 걸어서 얼마나 걸릴까요?

걷는 속도는 시속 4.8km 정도입니다. 지구 전체가 4만km이니 북극에서 남극까지는 절반인 2만km라 치고 계산을 해봅시다. 2만km를 시속 4.8km로 나누면 되니, 걸어서 대략 반년이 걸리겠군요. 밤낮으로 반년 동안 걸어야 하지만 의외로 가깝다고 생각되지 않나요? 달팽이는 1초 동안 대충 1.6mm 정도를 기어갑니다. 달팽이라도 북극에서 남극까지는 400년이면 갈 수 있죠. 그런데 그림8을 보시면 알 수 있듯이 알래스카에서 파타고니아까지 실제로는 7000년 정도가 걸렸습니다. 인류가 도달하기까지 상당한 고난을 겪었으리란 사실이 숫자에서 느껴지지 않나요? 이러한 수치를 즉석에서 계산해 대략적인 견적을 내는 것이 매사를 생각할 때에는 아주 중요합니다.

진화는 우연의 산물?

이러한 인류의 이동이 끼친 영향은 아주 많은데, 예를 들자면 혈액형이 있습니다. 집단의 혈액형을 조사해보니 일본인은 A형, O형, B형, AB형의 비율이 4:3:2:1이었습니다.* 그런데 영국인은 대부분이 A형과 O형

* 한국인 혈액형 비율은 A형 34%, O형 28%, B형 27%, AB형 11%.-옮긴이

이죠. 그에 비해 인도인은 B형이 많습니다. 혈액형이란 이런 식으로 제법 차이가 납니다. 특히 아메리카 대륙으로는 베링해협을 넘어서 사람들이 건너갔는데, 지금의 아메리카 원주민들의 혈액형을 조사해보니 제법 흥미로운 사실이 드러났죠.

아메리카 대륙의 원주민은 대개 90%가 O형으로, O형인 사람이 대단히 많았습니다. 그렇다면 이유가 대체 뭘까? 궁금하시죠. 예측이 되시나요? 실은 병목효과라는 용어로 설명이 가능합니다. 최초의 집단에는 네 종류의 혈액형이 있었지만 알래스카를 통해 아메리카 대륙으로 진입한 사람들은 그 수가 아주 적었는데, 그들 대부분이 우연히도 O형이었을지도 모릅니다. 그리고 그 사람들이 아메리카 대륙으로 퍼져나갔기 때문에 O형이 무척 많다는 사실이 드러난 것이죠. 이를 병목효과*라고 부릅니다. 즉, 진화는 **우연의 영향을 받는다**는 뜻이죠(진화에 대해서는 5장에서도 이야기하겠습니다).

유전자의 차이가 큰 아프리카

사실 아프리카 사람들은 종족에 따라 유전자의 차이가 꽤나 크다는 사실이 밝혀졌습니다. 우리는 얼핏 서양인과 아시아인은 전혀 다를 것이라 생각하고는 합니다. 하지만 서양인과 아시아인의 차이보다도 아프리카에 사는 두 종족의 차이가 더 크다는 사실이 밝혀졌습니다. 즉, 인류가 태어난 아프리카에서는 최초에 다양한 인간이 태어났고, 다양한 유

* 질병이나 기후 등의 주변 환경의 영향을 받아 집단의 크기가 급격히 감소하면서 특정한 유전자의 빈도나 다양성에 변화가 생기는 현상.-옮긴이

전자가 아프리카 각지로 퍼져나갔다는 뜻입니다. 그중 일부는 이집트를 벗어나 전 세계로 흩어졌죠. 그래서 유럽인들도, 아시아인들도 아주 비슷한 유전자를 지니게 된 것입니다.

멸종한 네안데르탈인

부계사회였다

그럼 네안데르탈인에 관한 이야기로 돌아가 봅시다. 발견된 뼈에서 유전자를 채취해 조사해보니 부계사회였을지도 모른다는 사실까지 알아낼 수 있었습니다. 신기하죠? 이런 사실을 알아낼 수 있었던 이유는 남성은 동일한 계통이었던 반면 여성은 유전적으로 달랐기 때문입니다. 그게 대체 무슨 말이냐, 어느 곳에서 무덤이 발견되어 그곳에 묻혀 있던 뼈의 유전자를 조사해보았습니다. 그곳에 살던 사람들이 죽으면 그 땅에 매장되겠죠. 그러므로 그곳에 매장된 뼈를 보면 어떤 사람들이 살고 있었는지를 알 수 있습니다. 그렇게 해서 알아낸 사실은 남성의 뼈가 유전적으로 매우 비슷했다는 사실입니다. 그런데 여성의 뼈는 남성의 뼈와 전혀 다른 유전자 조성을 보였습니다. 여기서 알 수 있는 사실은 멀리서 데려온 신붓감과 가족을 꾸렸으며, 가까이에 자신의 남자 형제가 살고 있었다는 것이죠. 다시 말해 동일한 계통의 남성들로 이루어진 부계사회였을지도 모른다는 사실이 밝혀진 셈입니다.

유전자 이외로 알아낸 사실

네안데르탈인은 오른손잡이였을지도 모른다는 사실 역시 드러났습니다. 이쯤 되었으면 어떻게 알아냈는지 짐작이 가시겠죠? 이를테면 돌을 깎아서 식칼 따위를 만들 때 오른손으로 쓰는 식칼과 왼손으로 쓰는 식칼은 날의 위치가 달라집니다. 이러한 사실을 통해 오른손잡이가 많았을지도 모른다고 추측할 수 있었습니다. 왼손잡이와 오른손잡이는 유전이 아니니 유전자를 조사해봐야 소용이 없죠.

유전자로 남은 네안데르탈인

네안데르탈이란 독일의 네안데르 밸리(Neander Valley)라는 계곡을 가리킵니다. 계곡을 독일어로 탈(tal)이라 한다는군요. 네안데르 계곡(그림9)에서 발견된 뼈라는 이유로 네안데르탈인이라 불리고 있습니다. 네안데르 계곡의 뼈는 대개 4만 년 전의 것입니다. 엘시드론이라는 스페인의 동굴에서 발견된 뼈는 4만 9000년 전, 빈디아라는 크로아티아의 동굴에서는 3만 8000년 전의 뼈가 발견되었죠(그림9).

이 뼈의 DNA를 분석한 결과, 엄청난 사실이 밝혀졌습니다. 네안데르탈인은 우리 현생인류와는 분명히 다른 인종으로, 조상인류에서 도중에 갈라져 나와 멸종한 인종이었던 것이죠. 그런데 흥미롭게도 유전자 조성을 살펴보니 현생인류의 조상과 최소 두 곳에서 교잡이 일어났음이 밝혀졌습니다(그림10A). 그림에서 산족은 남아프리카, 요루바족은 서아프리카 사람들입니다.

그림9 네안데르탈인의 유골이 발견된 곳

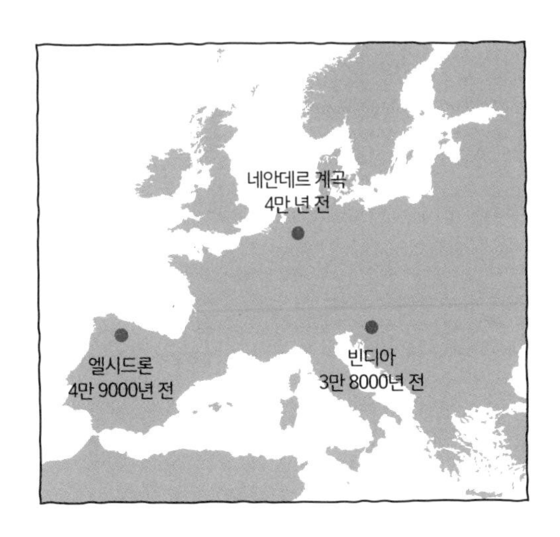

그림10 네안데르탈인과 현생인류

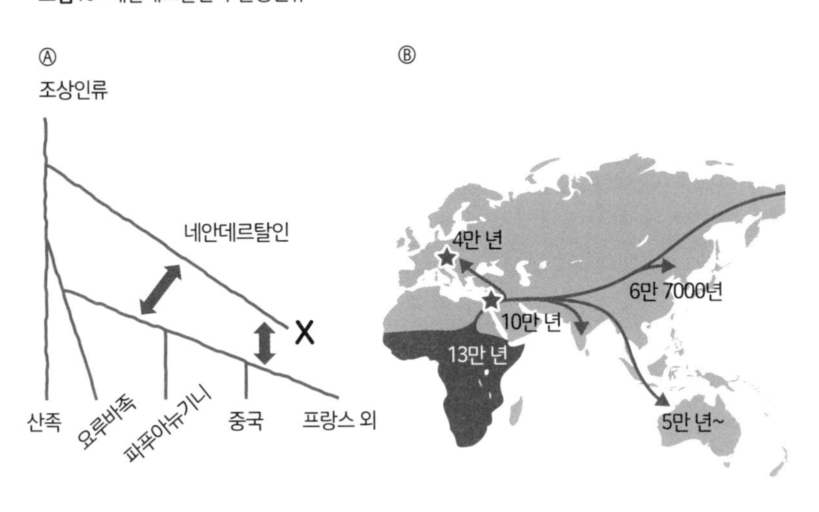

Green RE, et al:Science, 328:710-722, 2010을 토대로 작성. ★은 네안데르탈인과 현생인류의 조상의 교잡.

이집트를 거쳐 유라시아 대륙으로 진출한 사람들은 아시아나 오세아니아, 유럽으로 갈라져 나갔습니다(그림10B). 이러한 이동 중 어디에서 교잡이 벌어졌는가, 처음은 현생인류의 조상이 아프리카를 벗어난 직후라는 사실이 밝혀졌습니다. 즉, 이스라엘이나 그 부근에서 교잡이 발생했다는 말이죠. 또 한 번의 교잡은 유럽인이 아시아인으로 갈라져 나온 직후, 즉 유럽에서 발생한 듯합니다. 이게 무슨 뜻인가 하면, 산족이나 요르바족에게는 네안데르탈인의 유전자가 없지만 우리의 유전자 안에는 네안데르탈인의 유전자가 섞여 있다는 뜻입니다. 즉, 네안데르탈인은 멸종했지만 현생인류의 조상과 교잡을 통해 우리의 몸속에도 유전자를 남겼다는 말이 됩니다.

데니소바인의 유전자에 얽힌 수수께끼

러시아에서 발견된 뼈

'그것 참 재미있네' 하고 이야기가 대충 마무리 지어지려던 찰나에 또 한 가지 신기한 사실이 발견되었습니다. 바로 러시아의 데니소바 동굴이라는 곳에서 발견된 뼈에 관한 사실이었습니다. 뼈라고는 하지만 극히 작은 뼛조각이었죠. 데니소바 동굴에서 발견되었다는 이유로 데니소바인이라는 이름이 붙었습니다. 데니소바인은 완전히 새로운 인종으로, 간단히 말하자면 네안데르탈인의 중간에서 갈라져 나온 인종

그림11 인류의 이동과 데니소바인

으로 추정되었습니다. 그런데 이 데니소바 동굴에서 발견된 뼈를 분석해보니 현재 데니소바 동굴 부근에서 살고 있는 사람들과는 거의 공통점이 없었습니다. 한편 티베트인들과는 아주 약간의 공통점이 있다는 사실과, 어째서인지 현재 파푸아뉴기니나 오스트레일리아에 거주하는 사람들에게 데니소바인의 유전자가 남아 있다는 사실이 드러났습니다. 신기하죠. 이 수수께끼를 풀어봅시다.

데니소바인은 두개골이 발견되지 않았기 때문에 어떤 사람이었는지 전혀 알 길이 없습니다. DNA를 해석할 수 있었던 부분은 아주 작은 뼈였죠. 그리고 이 뼈에서 미량의 DNA를 채취해 조사한다는 터무니없는 작업이 성공을 거두었습니다.

자, 다시 한번 복습해봅시다(그림11). 인류는 아프리카를 벗어난 후 유라시아 대륙으로 퍼져나갔습니다. 이 부분은 이해하셨죠? 데니소바 동굴이 어디에 있느냐, 정확히 러시아의 정 가운데 부근입니다. 그런데 데니소바인이 살고 있었다고 여겨지는 바로 그 무렵, 인류는 오스트레일리아까지 도달해 있었습니다. 데니소바인이 어떻게 이동해 현생인류의 조상과 만났는지는 모르지만 그 후로 현생인류가 전 세계로 퍼져나갔다는 사실이 알려져 있죠. 그렇다면 현재를 살고 있는 우리 중에 네안데르탈인의 유전자를 지닌 사람은 얼마나 될까? 데니소바인의 유전자를 지닌 사람들은 어느 정도나 될까? 이러한 궁금증에 대해 조사해보았습니다.

유전자는 오스트레일리아로

조금 전에 언급했듯이 DNA의 유산이라 일컬어지는 네안데르탈인의 유전자는 아프리카인을 제외한 모든 현생인류가 지니고 있습니다. 유럽과 아시아, 아메리카 대륙에 거주하는 사람들의 DNA에서 평균 2.5%는 네안데르탈인의 유전자입니다. 다시 말해, 미국인도 러시아인도 영국인도 일본인도 모두 네안데르탈인의 유전자를 평균적으로 2.5%는 갖고 있다는 뜻입니다. 대충 이해가 되시죠. 그 이유는 아프리카를 나오자마자 바로 교잡이 벌어졌고, 그 후로 널리 퍼져나갔기 때문으로 추정됩니다.

그런데 데니소바인의 유전자는 어디에 있느냐 하면, 놀랍게도 오스트레일리아의 원주민인 에보리진에게 제법 많다는 사실이 밝혀졌습니다. 그 외에 파푸아뉴기니 사람들에게도 많이 남아 있죠. 더욱 신기한 것은 필리핀에는 네그리토족이라는 사람들이 있는데, 그 사람들에게도 데니소바인의 유전자가 남아 있다는 사실입니다. 하지만 정작 러시아에는 남아 있지 않습니다. 중국인에게도 남아 있지 않죠. 데니소바인은 어떻게 된 걸까요? 뼈가 발견된 러시아에 살고 있었다는 사실은 분명합니다. 하지만 그 주변에서는 유전자가 발견되지 않았습니다. 신기하죠? 연구는 이러한 궁금증에서부터 계속 발전해나갑니다.

문제 어째서 데니소바인의 유전자는 인도차이나반도에 남아 있지 않은 걸까요?

궁금하시죠? 파푸아뉴기니나 오스트레일리아에 있다는 말은 반드시 중간 길목인 인도차이나반도를 거쳐서 현생인류와 만났다는 뜻일 텐데 말이죠. 헌데도 인도차이나반도에 남아 있지 않습니다. 인도차이나반도에는 남아 있지 않은데 어떻게 그 다음 지역에는 남아 있는 것일까요? 비행기가 없었던 시대이니 날아서 갔을 리는 없겠죠. 그렇다면 문제는 데니소바인의 유전자가 무슨 수로 널리 퍼졌느냐, 하는 점입니다. 조금만 생각해보세요. 뭐든지 궁금증을 갖는 것이 중요하니까요.

인도차이나반도에 남아 있지 않은 이유는?

정답은 이러합니다(그림12). 데니소바인은 소수 인원으로 인도양 연안을 이동했던 것입니다. 현생인류의 조상은 그 후로 중앙아시아에서 남하해 지금의 동남아시아에 정착한 것으로 여겨집니다.

데니소바인이 인도차이나반도에 남아 있지 않다는 말은 매우 적은 숫자로 그 지역을 거쳐 왔음을 가리킵니다. 그 도중에 현생인류의 선조와 교잡했고, 그 유전자를 지닌 인류가 파푸아뉴기니나 오스트레일리아로 이주하면서 지금의 인류가 된 것으로 보입니다.

그림13이 전체적인 흐름입니다만, 우선 현생인류의 조상과 네안데르탈인이 교잡했습니다. 이건 알고 계시겠죠. 이 사람들이 아시아로 퍼져나갔습니다. 데니소바인 역시 마찬가지입니다. 다만 데니소바인은

그림12 데니소바인과 현생인류

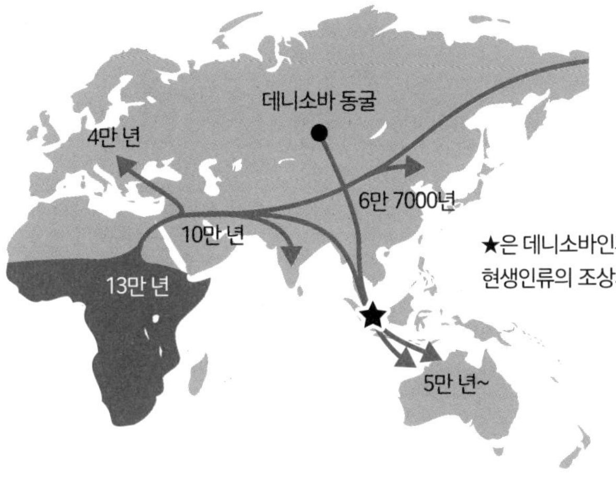

그림13 인류의 변천

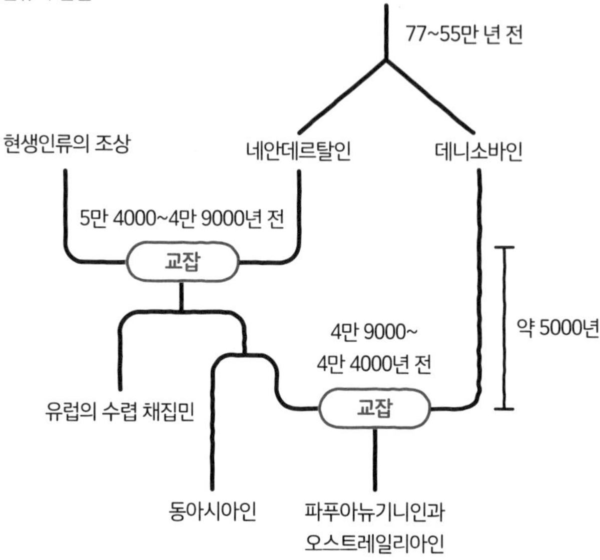

『믹스처-우리는 누구인가에 대한 고대 DNA의 대답』(데이비드 라이크 지음)을 토대로 작성.

먼저 동남아시아를 지나친 후 파푸아뉴기니나 그 부근에서 현생인류의 조상과 교잡해 지금의 오스트레일리아인이 되지 않았을까 합니다. 네안데르탈인과 데니소바인은 유전자가 비슷한데, 지금으로부터 약 70만 년 전에 갈라져 나온 것으로 생각됩니다.

이런 사람들이 있었다는 사실도 알았고, 현생인류에 크게 공헌했다는 사실도 알았습니다. 하지만 데니소바인의 큰 뼈는 아직 발견되지 않았죠. 이러한 예는 아주 많습니다. 이런 사람들이 발견된다면 인류에 관한 연구는 훨씬 더 진전되지 않을까요.

매머드는 왜 멸종했을까?

마지막으로, 멸종한 동물에 대한 연구를 이야기하며 마치도록 하겠습니다. 예를 들어, 매머드는 지금으로부터 대략 1만 년 전에 멸종했지만 뼈에서 간단히 DNA를 채취할 수 있습니다. 그러면 '그 DNA를 코끼리의 DNA에 넣어서 매머드를 만들 수 있지 않을까'라고 생각하는 사람도 있겠죠. 이는 **합성생물학**이라고 하는 분야입니다. 그러한 생물을 재현시켜도 되겠느냐는 문제는 차치하고, 그런 것도 마음만 먹으면 가능하다는 뜻이죠.

그림14A는 코끼리의 계통수로, 아프리카코끼리는 가장 큰 코끼리입니다. 여기서 처음으로 갈라져 나온 이후로 아시아에서 아시아코끼리와 매머드로 나뉘죠. 매머드는 추운 곳에 적응한 코끼리입니다. 그래서 털이 수북하죠.

매머드가 왜 멸종했는지에 대해서는 그림14B를 봐주세요. 매머드의 개체수가 1만 년 전에 0으로 변했습니다. 1만 년 전에 무슨 일이 일어났느냐, 바로 북극의 기온이 갑자기 상승했습니다. 다시 말해 온도가 상승했기 때문에 멸종한 것이죠. 온도가 상승했다고는 해도 아프리카처럼 더워졌다는 말이 아닙니다. 북극의 기온은 영하 50도 정도였는데, 영하 30도 정도로 올라갔으리라 생각됩니다. 영하 50도에 적응했던 매머드가 기온이 약간 상승했을 뿐인데 모두 죽어버렸다고 추

그림14 코끼리의 계통수와 매머드의 개체수

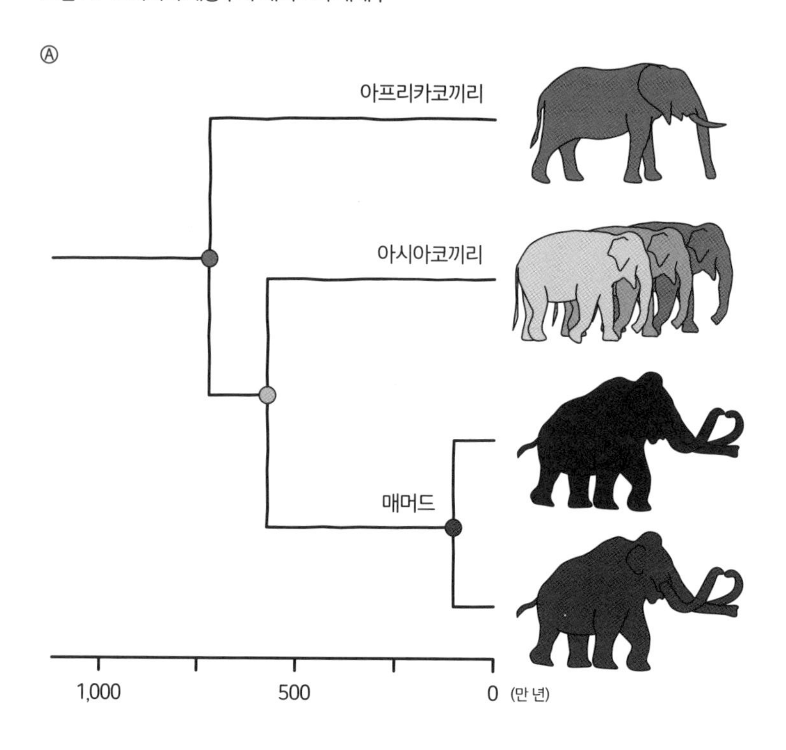

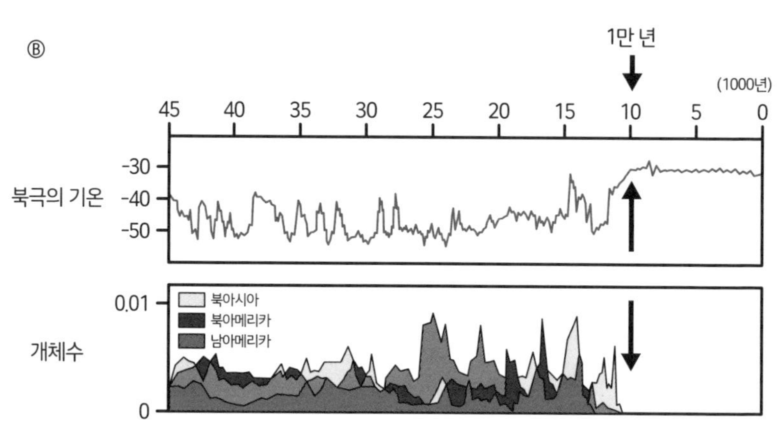

Lynch VJ, et al:Cell reports, 12:217-228, 2015를 토대로 작성.

측된다는 뜻이죠.

그렇게 예측할 수 있었던 이유는 매머드의 유전자를 조사해보았기 때문입니다. 그 결과 TRPV3이라는 유전자가 발견되었죠. 이 유전자는 추위와 더위에 관여하는 유전자입니다. 매머드는 현재 살아 있는 코끼리와는 다르게 이 유전자에서 특수한 변이가 일어나면서 추운 지역을 더욱 좋아하게 되었으리라 생각됩니다. 영하 50도의 추위 속에서도 살아갈 수 있게 된 동물이었을 것으로 추측해볼 수 있죠. 이처럼 DNA 해석을 통해 동물이 어째서 멸종했는지 그 이유까지 알 수 있습니다.

45쪽 문제의 해답

B-F, D-G, E-D 3회

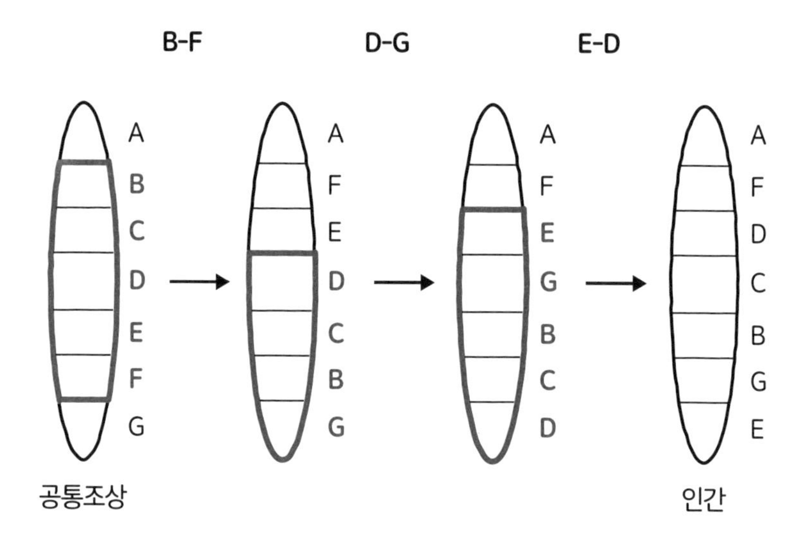

정리

- 염색체의 개수가 다른 공통조상으로부터 인간이 태어난 까닭은 상호전좌를 통해 설명할 수 있습니다.
- 유전자 배열을 조사하면서 화석에서는 찾아볼 수 없는 진화까지 밝혀지기 시작했습니다.
- 유전자를 조사해보면 인간이 어떻게 이동했으며 어떻게 퍼져나갔는지를 알 수 있습니다.
- 윤리적인 문제를 제쳐둔다면 멸종한 종을 되살리는 것도 기술적으로는 가능합니다.

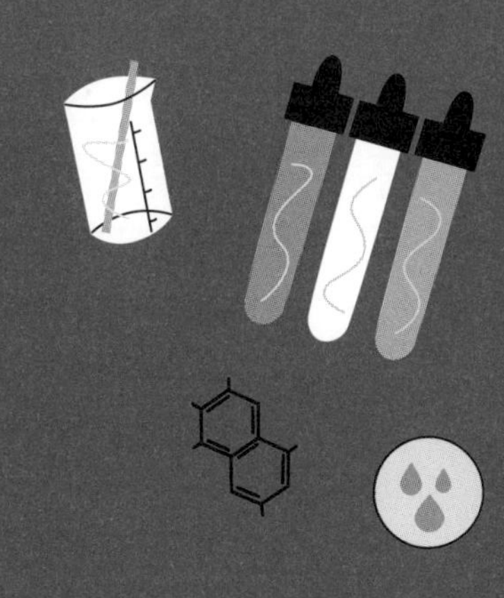

제 2 장

유전 이야기

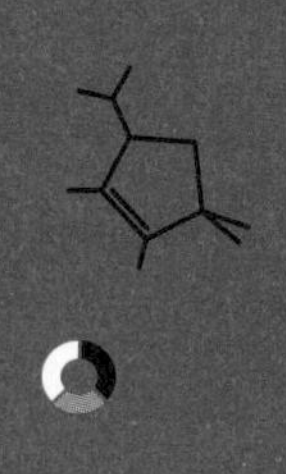

유전된다는 것은 무슨 말일까?

이번에는 유전된다는 말이 무슨 뜻인지에 대해 이야기해보려 합니다. **유전을 간단히 말하자면 부모의 형질이 자식에게 전해짐**을 말합니다. 형질이란 생물이 지닌 성질이나 특징으로, 흔히 겉으로 드러나는 부분을 가리킵니다.

할머니와 어머니는 새끼손가락의 길이가 제법 길지만 할아버지는 짧고, 아버지도 짧고, 자식들도 모두 짧다고 예를 들어보겠습니다. 이런 식으로 형질이 나타난다면 이는 유전일지도 모릅니다. 겉모습의 형질이 유전되는지 아닌지는 겉으로 보면 알 수 있는 경우가 제법 많죠.

새끼손가락은 짧아졌다?

새끼손가락은 왜 있는지 알고 계시나요? 긴 편이 좋을까요, 아니면 짧은 편이 좋을까요? 새끼손가락은 사실 나무를 움켜쥐기 위해 존재하는 손가락으로, 인간과 원숭이의 손가락을 비교해보면 원숭이의 새끼손가락이 더 깁니다. 새끼손가락이 길면 나무를 능숙하게 탈 수 있죠. 인간은 땅으로 내려와 걷게 되면서 새끼손가락이 짧아진 것으로 보입니다. 그러니 새끼손가락이 짧은 쪽이 더 진화한 인류라 해도 과언이 아닌 셈이죠. 저처럼 말이에요.

멘델의 발견 -우성의 법칙

중간은 없다

유전학 연구에 매진했던 멘델(1823~1884)은 동그란 완두콩과 주름진 완두콩을 교배시키면 동그란 자손이 생겨난다는 사실을 발견했습니다. 즉, **부모의 중간 형질은 나타나지 않으며 둘 중 하나의 형질을 물려받는다**는 말이죠. 부모로부터 자식에게 대물림된 쪽의 형질에는 우성이라는 이름을 붙였습니다. 다시 말해 두 형질이 존재할 경우, 교배의 결과로 나타나는 쪽을 **우성**으로 정한 셈이죠. 우성(優性)이라 하니 뛰어나다는 의미로 생각될지도 모르지만 그렇지는 않습니다. 따라서 현재는 **현성(顯性)**이라는 표현도 사용합니다.

어째서 이런 일이 벌어지는지는 유전자로 정해진다는 사실이 밝혀졌습니다. 유전자는 아버지와 어머니로부터 하나씩 물려받습니다. 동그란 완두콩은 [A]라는 형질을 갖고 있으며 AA라는 유전자를 갖고 있습니다. 한편 주름진 완두콩은 [a]라는 형질이며 aa라는 유전자를 갖고 있습니다. 그러면 둘에게서 유전자를 하나씩 물려받은 자손은 이형접합자*라 불리는 Aa라는 유전자가 되겠죠. Aa는 동그란 형태를 띠게 됩니다[부모로부터 같은 유전자를 받은 자손은 동형(同型, 호모)접합자라

* 異型: 대립유전자가 서로 다르게 조성된 형태로, 헤테로라고도 한다.-옮긴이

그림1 완두콩의 형질

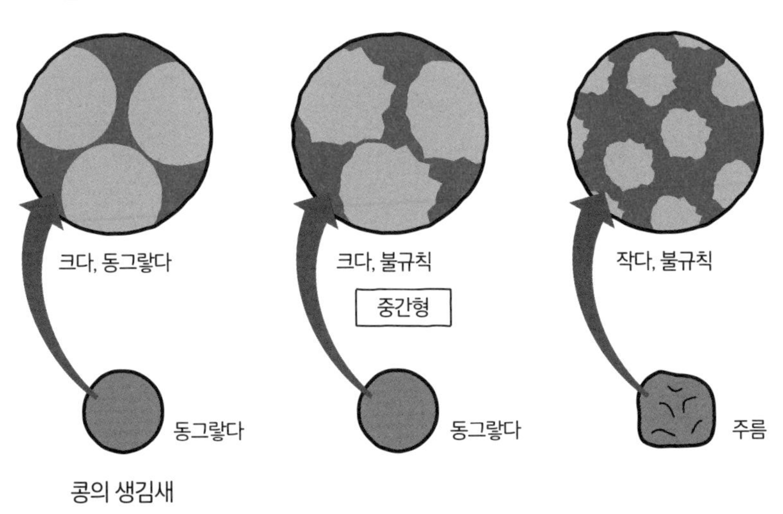

불리며 당연히 부모와 같은 형질이 됩니다]. 즉, 동그랗게 되는 쪽, 바로 [A]가 우성이라는 식으로 정해지게 되죠. 이러면 모든 교배 결과가 설명된다고 멘델은 말했습니다.

실제로는 아니다?

현재, 멘델의 법칙에 등장한 이 완두콩의 주름은 특정한 효소(아밀로펙틴을 합성하는 데 필요한 전분 분지효소)의 유무에 따라 설명할 수 있게 되었습니다. 동그란지, 주름이 졌는지는 전분 알갱이의 크기에 따라 결정되는 것이죠. 완두콩을 전체적으로 보면 동그란 쪽은 주름진 쪽에 비해 우성임을 알 수 있습니다.

하지만 현미경으로 자세히 관찰해보면 조금 다릅니다. 전분 알갱이는 세 가지 다른 종류(크고 동그란 것, 크고 불규칙한 것, 작고 불규칙한 것)가 있음이 밝혀졌습니다(그림1). 동그란 완두콩은 전분 알갱이가 크고 전체적으로도 동그랗습니다. 그런데 전분 알갱이가 크고 동그란 완두콩과 작고 불규칙한 완두콩을 교배시키자 중간형(크고 불규칙)이 나타났던 것이죠. 실제로는 이처럼 **중간형이 존재한다**는 말입니다. 이처럼 중간형이 존재하는 경우를 불완전우성이라고 합니다. 하지만 겉으로 드러난 생김새만 놓고 본다면 동그란 완두콩과 주름진 완두콩으로 나뉘죠. 이렇게 멘델의 주장과 실제는 조금 다를 수도 있다는 사실이 서서히 드러났습니다.

유전될까? 되지 않을까?

이처럼 유전은 유전자가 어떻게 발현되느냐에 따라서 명확하게 설명이 가능하다는 사실이 밝혀졌습니다. 여러분도 이미 알고 계시듯, 부모와 자식은 얼굴이나 다른 여러 부분이 닮은 경우가 많죠. 이를 명확히 설명할 수 있는지 알아봅시다.

문제 다음 항목 중 유전되는 부분과 유전되지 않는 부분을 골라 봅시다

- 얼굴의 생김새(머리카락, 눈꺼풀, 눈썹, 광대뼈, 보조개, 주근깨, 체모)
- 몸의 전체적인 골격
- 장수하는 체질
- 암 체질
- 히스테리
- 창조성
- 음악적 재능
- 수학적 재능

이런 부분들도 유전으로 명확히 설명할 수 있을까요? 여러분도 유전될 법한 형질을 골라보시죠. 키는 유전될까요? 예전부터 들어온 말이지만 깍지를 끼는 방식(오른손 엄지를 위에 얹느냐, 왼손 엄지를 위에 얹느냐) 역시 유전되는지 아닌지를 두고 말이 많았죠. 이처럼 재미있는 유전이 무척 많으니 찾아보세요.

간단히 나누어보자면 얼굴의 생김새, 몸 전체의 골격이 유전될 법한 요소들입니다. 다른 예로 찾아보면 혈액형도 그렇죠. 히스테리, 창조성, 음악이나 수학적 재능은 유전이 아님이 밝혀졌습니다. 창조성이란 열심히 노력한 사람에게서 생겨나는 결과물이죠. 전형적인 환경적 요인입니다. 음악이나 수학 역시 연습으로 실력을 기를 수 있습니다. 하지만 장수하는 체질이나 암 체질, 이 둘은 아직 의심스럽습니다. 어쩌면 유전되는 형질일지도 모른다는 이유로 연구가 진행 중이죠.

부모와 닮는 이유는? -우성유전

그럼 이제 유전에 대해 가장 간단한 이야기를 해봅시다. 건강한 남성과 건강한 여성이 결혼해서 태어난 아기는 장애가 없습니다(그림2A). 이건 당연한 일이겠습니다만, 어떤 병을 가진 남성과 건강한 여성이 결혼해서 태어난 아이가 남성과 같은 병을 갖고 있었다고, 예를 들어 보겠습니다(그림2B). 이런 경우, 이 병은 유전되는 셈입니다. 반대도 마찬가지죠. 여성이 병을 갖고 있을 경우 역시 아이가 같은 증상이 나타난다면 이는 유전되는 셈입니다(그림2C). 이해하셨나요? 이러한 경우를 가리켜 **우성유전**이라고 합니다(열성유전에서도 B, C의 패턴이 나타나는 경우가 있지만 드물기 때문에 생략하겠습니다). 우성유전은 부모와 같은 형질의 아이가 태어나는 매우 이해하기 쉬운 유전입니다.

우성유전병을 예로 들어 생각해볼 경우, 우리가 각각 2개씩 갖고 있는 유전자 중에서 **1개의 유전자에 이상이 있다면 질병을 얻게 됩니다.** 건강한 사람은 정상적인 유전자를 2개 갖고 있습니다. 한편 질병이 있는 사람은 둘 중 하나의 유전자에 이상이 있습니다.

그림2 유전의 예

Ⓐ
건강한 남성
건강한 여성
건강한 아기
Ⓑ
*
질병을 가진 남성
건강한 여성
*
질병을 가진 아기
Ⓒ
*
건강한 남성
질병을 가진 여성
*
질병을 가진 아기

그림3 우성유전의 구조

우성(현성)유전

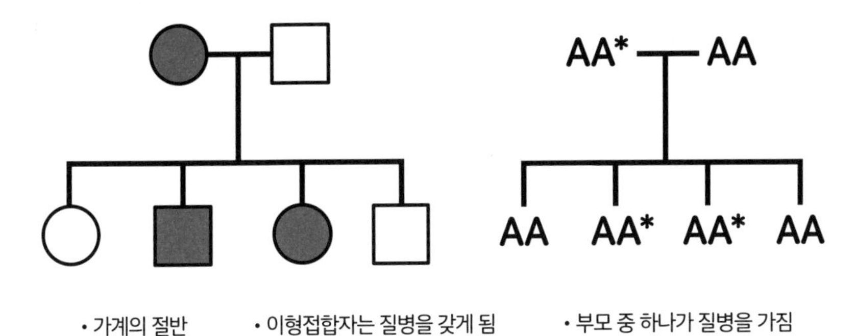

• 가계의 절반 • 이형접합자는 질병을 갖게 됨 • 부모 중 하나가 질병을 가짐

*은 비정상적인 유전자. ○가 여성이며 □가 남성입니다. 부부는 가로선으로 연결되어 있으며 세로선은 자식들을 가리킵니다. 세로선에서 갈라져 나온 것이 형제자매입니다.

그림3을 보시죠. 이 두 사람이 결혼하면 아이들은 어떻게 되느냐, 유전자는 반드시 둘 중 하나가 자식에게 전해지니 건강한 남성에게서는 둘 중 어느 유전자가 전해지더라도 문제가 없습니다. 하지만 질병을 가진 여성으로부터 이상이 생긴 유전자를 물려받은 아이는 질병을 갖게 됩니다. 즉, 우성유전의 가계에서는 부모 중 하나가 질병을 가졌을 경우 자식의 절반이 질병을 갖고 태어나게 됩니다. 동시에 **가계의 절반에 형질이 나타나며, 부모 중 한쪽이 그 형질을 지닌 가계이기도 합니다.**

질병 유전자가 살아남는 이유

안타까운 예시입니다만 헌팅턴병이라는 질병이 있습니다. 이 질병은 비정상적인 유전자를 갖고 있으면 반드시 발병해 죽음에 이르게 됩니다. 부모 중 하나가 헌팅턴병인 가계에서는 자녀의 절반에게서 질병이 발견된다는 사실이 밝혀진 바 있습니다. 헌데, 반드시 죽게 되는 질병이라…… 잘 생각해보세요. 그 유전자를 보유하고 있으면 반드시 죽게 되는 셈이니 인류의 유전자에서 사라지게 되지 않을까요? 다시 말해 선택에 의해서 소멸되어 버릴 테니 이 질병도 결국 사라지지 않을까, 그렇게 생각되지 않나요? 그런데도 이 유전자가 살아남는 이유, 이 질병에 걸리는 사람이 생겨나는 이유는 사실 헌팅턴병은 결혼한 뒤에 증상이 나타나기 때문입니다. 증상이 매우 늦게 나타나기 때문에 **자연선택의 영향을 받지 않는 것이죠.** 즉, 아기일 때 병에 걸려서 죽게 되는 병이었다면 아이는 태어나지 않을 터입니다. 하지만 결혼할 때까지는 전혀 증상이 없다가 마흔, 쉰 살이 되어서 증상이 나타난 경우는 자연선택을 받지 않죠. 따라서 이러한 병은 도태되지 않는 것입니다.

이런 것도 우성유전

또 다른 우성유전의 예를 소개해드리겠습니다. 질병이 아닌 사례입니다. 자신의 이마 부분을 살펴보세요. 이마 쪽에 머리카락이 M자로 난 사람이 있죠. 이런 이마는 마치 알파벳 M자처럼 생겼다고 'M자 이마'라고 부릅니다. M자 이마는 우성유전으로, 멘델의 법칙을 따라 고스란히 유전되는 형질입니다. M자 이마가 아닌 사람은 앞머리를 옆으로 내릴 수 있다는 장점이 있지만 M자 이마인 사람은 그러기 어렵죠.

다음은 귀의 모양에 주목해봅시다. 귀에는 귓불이 통통한 복귀가 있고 반대로 귓불이 거의 없는, 나쁘게 말하자면 복이 달아나는 귀가 있습니다. 복귀 역시 그대로 유전되는 우성유전임이 밝혀진 바 있습니다.

이 또한 교과서에는 실린 적이 없는 예시입니다만, 단지증(短指症)이라 해서 손가락이 짧은 사람이 있습니다. 이 또한 우성유전에 따라 그대로 유전됩니다.

부모와 다른 이유는? -열성유전

문제는 이제부터입니다. 유전은 일반적으로 부모와 자식이 동일한 형질을 갖게 됩니다. 하지만 건강한 남성과 건강한 여성이 결혼했음에도 질병을 가진 아이가 태어나는 경우가 있습니다. 놀라운 일이죠. 부모와 다른 형질이 나오는 셈이니까요.

그럴 수가 있느냐고요? 분명히 있습니다. 대부분의 신생아 난치병이 이러한 사례입니다. 이 경우를 **열성유전**이라고 부릅니다. 우성과 마찬가지로 열성(劣性)이라 쓰기 때문에 뭔가 뒤떨어지는 것처럼 느껴지기도 하므로 **잠성(潛性)유전**이라 부르기도 합니다. 이것이 어떠한 상황인가 하면, 건강한 남성과 건강한 여성이 결혼해 아이를 낳았을 때, 그중 일부의 아이만이 질병을 갖고 태어나는 경우입니다. 가계의 절반 수준이 아니죠, **가계에서도 드물게** 벌어집니다. 어째서 이런 현상이 벌어지는지는 유전자를 살펴보면 명확해집니다(그림4).

열성유전은 두 부모가 하나씩 비정상적인 유전자를 지녔을 경우에 벌어집니다. 그리고 두 비정상적인 유전자가 중첩된 사람만이 질병에 걸리게 됩니다. 하나만 갖고 있을 경우에는 질병에 걸리지 않습니다. 우성유전과는 다르죠. 우성유전은 비정상적인 유전자를 하나만 갖고 있어도 질병에 걸리게 됩니다. 반면 열성유전은 하나만으로는 질병에 걸리지 않습니다. **열성유전의 경우, 이형접합자는 아무런 이상이 없**

그림4 열성유전의 메커니즘

열성(잠성)유전

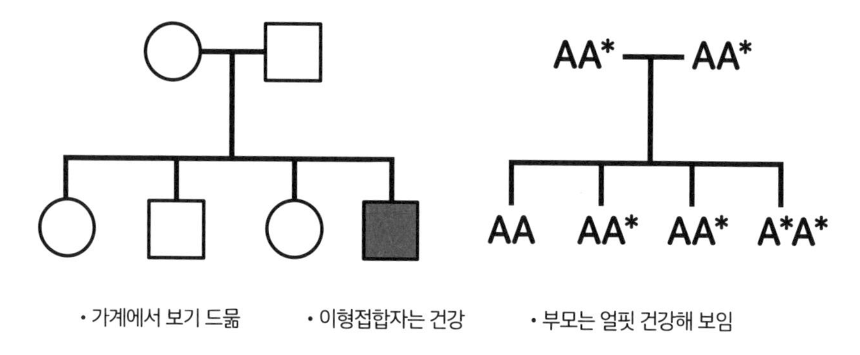

습니다. 그래서 부모는 건강한 것이죠. 질병에 걸리는 사람은 가계에서도 드물게 나타납니다. 이러한 경우를 가리켜 열성유전이라 부르는데, 이처럼 **유전 양식에는 두 가지가 있다**는 사실을 기억해주세요. 열성유전의 경우, 부모에게는 아무런 이상이 없기 때문에 질병을 가진 아이가 태어나리라고는 꿈에도 생각하지 못합니다.

예를 들자면, 테이-삭스병이라는 아주 안타까운 질병이 있습니다. 심각할 경우에는 2~4세에 사망하게 되는 질병이죠. 이 질병은 특히 유대인에게서 자주 발생한다는 사실이 밝혀졌습니다. 왜냐하면 유대인은 유대인끼리 결혼하는 경우가 많기 때문입니다. 유대인의 경우는 신생아 2500명 중에 1명꼴로 테이-삭스병이 발견된다는 사실이 알려진 바 있습니다. 이 테이-삭스병이 어떻게 발생하느냐, 이 또한 그림4

와 같이 열성유전을 따릅니다. 이형접합자이자 건강한 사람, 마찬가지로 이형접합자이며 건강한 사람이 결혼하면 자식 넷 중에 하나는 질병에 걸린다는 뜻이죠. 그렇다면,

문제 이형유전자를 보유한 사람의 비율을 계산해봅시다

유대인 중에서 이형접합자인 사람의 비율을 $\frac{1}{X}$라 한다면 이형접합자와 이형접합자가 결혼해 자식 넷 중에 1명이 질병에 걸리는 셈이니 $\frac{1}{X} \times \frac{1}{X} \times \frac{1}{4}$가 질병에 걸리게 됩니다. 그 결과가 바로 2500명 중 1명입니다. 그렇다면 x의 값은 얼마일까요? 계산해보면 x는 25가 됩니다. 25명 중 1명이 이형접합자인 셈이죠. 즉, 2500명 중에 1명이 걸리는 난치병은 25명 중에 1명이 그 유전자를 보유하고 있다는 말이 됩니다. **우리는 의외로 열성유전자를 많이 갖고 있는** 것이죠. 우연히 그런 사람들끼리 결혼하게 된다면 질병이 발생하게 됩니다. 여러분은 자신과는 상관없는 일이라 생각할지도 모르죠. 실제로도 질병 유전자를 보유한 사람끼리 결혼하지 않는 한 아이는 질병에 걸릴 일이 없겠지만 알고 보면 제법 자주 벌어지는 일입니다.

열성유전자의 비율

예를 들어, 이러한 열성유전의 전형적인 사례 중 하나로 난청이 있습

니다. 귀가 전혀 들리지 않는 것이 아니라 나이를 먹어감에 따라 점점 귀가 어두워지는 사람들이 제법 있죠. 일본에서는 대략 100명 중에 1명꼴로 나타난다고 합니다. 그렇다면 어디 계산해봅시다. 이형접합자의 비율은 어느 정도일까요? 이형접합자인 사람끼리 결혼해서 네 아이 중 하나가 질병에 걸렸습니다. 그 확률은 100분의 1입니다. 앞서 해본 것처럼 똑같이 계산해보도록 하죠. 간단한 계산식이 나올 겁니다. $\frac{1}{X} \times \frac{1}{X} \times \frac{1}{4} = \frac{1}{100}$ 입니다. x는 무려 5가 되는군요. 이해하셨나요. 여러분들 다섯 분 중에 한 명은 난청 유전자를 지녔다는 뜻입니다. **열성유전병의 유전자는 뜻밖에도 누구나 갖고 있는 셈이죠.** 이런 경우는 충분히 일어날 수 있음을 머릿속에 새겨두세요.

질병만을 예로 들었습니다만 열성유전자를 보유하고 있다 해서 반드시 나쁜 일만 일어나는 것은 아닙니다. 그 유전자가 만약 천재의 유전자였다면 어떨까요? 부모가 천재가 아니라도 열성유전자를 가진 사람들끼리 결혼하면 난데없이 천재가 태어나는 경우도 얼마든지 가능하죠.

이형접합자에게서는 발병하지 않는 까닭

열성유전이 이형접합자에서는 발병하지 않는 이유에 대해서는 다음과 같이 생각해볼 수 있습니다. 유전자는 모두 2개씩 지니고 있으며 정상적인 유전자에서는 정상적인 몸을 구성하는 단백질이 형성됩니다. 하지만 비정상적인 유전자에서는 단백질이 생겨나지 않는다고 가정해보죠. 그러면 어떻게 될까요? 이형접합자의 경우, 몸 안의 활성도는 50%가 될 겁니다. 보통은 100%겠지만 이쪽은 50%라는 뜻이죠. 하지만 인간이란 일반적으로 10% 정도만 되더라도 큰 문제가 없습니다. 그런 의미에서 보자면 절반이라도 정상이라 볼 수 있지 않겠습니까? 그래서 열성유전의 경우는 이형접합자라도 아무런 이상이 없는 것이죠. 그런데 둘 모두 비정상이라면 어떻게 되느냐, 몸 안에서 단백질이 전혀 형성되지 않겠죠. 단백질이 전혀 형성되지 않아서 어릴 때부터 질병에 걸리게 되는 것입니다. 왜냐하면 **유전자가 아무런 기능을 하지 않기 때문**이죠. 그래서 열성유전을 가리켜 loss of function의 질병이라 부릅니다. 기능 상실이라는 뜻입니다. 이는 다시 말해 절반이라도 남아 있다면 괜찮다는 뜻입니다.

'이형접합자인 사람은 질병에 걸릴까?'라는 점에 관해 말씀드리자면 **우성유전의 경우는 질병에 걸리지만 열성유전의 경우는 걸리지 않는다**라고 기억해두세요. 그렇게 이해하셨다면 다음으로 넘어가겠습니다.

격세유전은 열성유전이다?

유전에 대해서 또 한 가지 예전부터 화제에 올랐던 이야기가 있습니다. 바로 격세유전이죠. 한 대를 건너뛰고 형질이 발현되는 경우를 가리킵니다. 예를 들어, 그림5의 가계는 할아버지와 할머니, 아버지와 어머니가 있습니다. 할머니가 외꺼풀이죠. 그 외에는 모두 쌍꺼풀인데 아이는 외꺼풀입니다. 한 대를 거르고 외꺼풀이 나왔으니 할머니를 닮았다 해서 이를 격세유전(隔世遺傳)이라고 부릅니다. 격세유전은 그렇게 드문 경우는 아닙니다. 의외로 어디에서나 일어나고 있습니다. 여기에 대해 설명해보겠습니다.

격세유전이란 사실 열성유전을 가리킵니다. 즉, 할아버지나 할머니-이 경우에는 할머니였습니다만-와 아이가 같은 형질을 지닌 상황입니다. 질병이든 외꺼풀이든 상관없습니다. 열성유전에서 질병에 걸리는 경우는 둘의 유전자 모두에 이상이 있을 때뿐이죠. 한쪽에만 비정상적인 유전자가 있어봐야 아무런 일도 생기지 않습니다. 이제 질병을 지닌 사람이 건강한 사람과 결혼했다고 생각해보세요. 비정상적인 유전자를 2개 갖고 있다 하더라도 동형접합자인 건강한 사람과 결혼했다면 아이는 이형접합자가 됩니다. 하지만 이형접합자는 아무런 이상이 없죠. 열성유전의 경우 이형접합자인 사람은 이상이 없습니다. 하지만 그 사람이 우연찮게 같은 이형접합자와 결혼했을 경우, 둘 모두 비정상적인 유전자를 보유하고 있을 가능성이 있습니다. 즉, **한 대를 건너뛰고 형질이 발생했다는 사실은 열성유전의 증거**인 셈입니다. 기억해두세요. 이처럼 유전자가 우리의 성질을 결정하는 경우가 자주 있으니까요.

그림5 격세유전

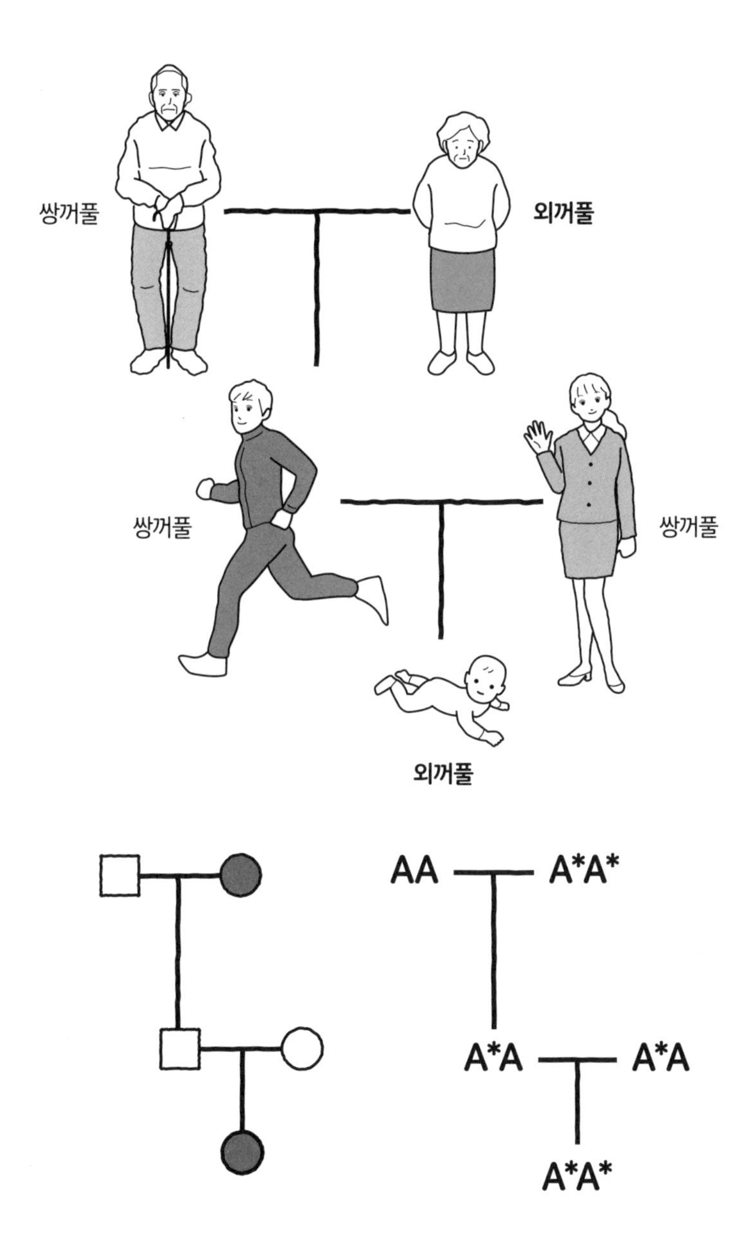

유전자는 쉬지 않고 일하는 것이 아니다?

유전자의 ON과 OFF

유전자는 언제나 쉴 새 없이 일하고 있을까요? 그렇지 않습니다. 유전자는 작용하고 있지 않을 때가 많습니다. 이를 가리켜 유전자의 온-오프(ON-OFF)라고 합니다. 예를 들어서, 저처럼 머리가 벗겨진 사람도 예전에는 머리카락이 풍성했죠. 머리카락을 형성하는 유전자는 어릴 때는 온(ON)이었습니다. 그런데 나이를 먹으면서 그 스위치가 오프(OFF)로 바뀌면서 머리숱이 점점 줄어든 셈이니, 같은 유전자를 지녔다 하더라도 유전자의 온-오프가 따로 있음을 알 수 있습니다. 이해하셨나요? 중요한 대목입니다. **어느 조직의 DNA든 모두 마찬가지입니다.** DNA를 채취할 때 손에서 채취하든 발에서 채취하든 가슴에서 채취하든 얼굴에서 채취하든 모두 똑같습니다. 하지만 유전자가 똑같은데 얼굴이나 손, 가슴은 전부 다르지 않습니까? 이건 조직에 따라서 켜져 있는 유전자가 각기 다르기 때문입니다. 즉, 발현된 유전자가 다르다는 뜻이죠. 그래서 어느 유전자가 발현되어 있는지 조사할 때에는 작용 중인 유전자를 조사해야만 합니다.

작용 중인 유전자를 무슨 수로 알아보는가 하면, 그곳에서 생겨나는 RNA라는 물질을 조사해보면 됩니다. RNA란 작용하는 유전자에서 만들어지는 물질(전사된다고 표현합니다)입니다. 이 RNA가 형성되어 있다면 DNA가 작동하고 있음을 알 수 있습니다. 이해하셨나요? 예를 들어, 적혈구 안이라든가 수정체, 췌장에서 다양한 유전자가 켜져 있는지, 꺼져 있는지를 조사해보면 rRNA유전자(리보솜RNA)는 어디에서든 켜져 있음을 알 수 있습니다. 하지만 헤모글로빈의 유전자를 조사해보면 헤모글로빈은 적혈구에만 존재하므로 적혈구 안에서만 켜져 있을 뿐 다른 곳에서는 보통 꺼져 있습니다. 수정체를 형성하는 크리스탈린이라는 유전자는 수정체에서만 켜져 있고, 인슐린의 유전자는 췌장에서만 켜져 있다는 뜻이죠. 즉, **조직에 따라서 유전자의 온-오프가 다르기 때문에 활동하는 유전자 역시 달라진다**는 말이 됩니다.

후천적 변화?

아구티(agouti)라 해서 노랗고 뚱뚱한 쥐가 있습니다. 보통은 뚱뚱하고 노란색을 띠고 있지만 환경에 따라서는 비쩍 마르고 쬐그만 갈색 쥐가 되는 경우가 있죠. 같은 유전자를 지녔는데도 말입니다. 실은 이건 먹이에 따라서 변한다는 사실이 밝혀졌습니다. 평범한 먹이를 주면 뚱뚱하고 노란 아구티가 되지만, 예를 들어 엽산이나 비타민 B12라는 비타민을 첨가해주면 비쩍 마른 새끼가 태어납니다. 그 이유는 먹이에 따라서 유전자의 작용 양상이 달라지기 때문입니다. 후천적으로 변한다 해 이를 **후성유전(後成遺傳, 에피제네틱스)**이라고 합니다. 후성유전은 후천적으로 획득된 형질이 마치 유전정보로 결정된 것처럼 다음

세대로 전해지는 현상입니다. 결론만 놓고 말하자면 비타민을 통해 아구티의 유전자가 오프(OFF)로 바뀌면서 노란색을 띠지 않게 되는 것이죠.

자, 그럼 여러분께 문제입니다. 몸 안의 모든 유전자는 동일하며 기본적으로는 평생 바뀌지 않습니다. 또한 어떤 노력을 더하더라도 유전자를 바꾸지는 못합니다. 하지만 환경(식사, 생활방식)을 통해 유전자의 발현, 다시 말해 유전자 스위치를 켜고 끌 수는 있습니다.

문제 어떠한 예가 있을지 생각해보세요

공부를 해봐야 머리가 좋아지는 건 아니라고들 하지만 그렇지 않습니다. 좋아지지 않을까요? 열심히 공부를 하면 공부와 관련된 기억의 유전자가 켜지는 셈이니까요. 이러한 예는 아주 많습니다.

바로 떠올린 분은 똑똑하시네요. 맞습니다, 그 전형적인 예가 바로 샴 고양이의 털 색깔입니다. 샴 고양이는 몸 전체에 같은 유전자를 지니고 있지만 어떤 부분은 하얗고 어떤 부분은 까맣지 않습니까? 장소에 따라서 유전자가 다르게 발현되는 것입니다. 차가운 환경이 색소의 발현을 증가시킵니다. 까만 부분은 외부와 접하는 부분뿐이고 몸통은 하얗죠. 그래서 갓 태어난 샴 고양이를 쭉 따뜻한 방에서 키우면 몸 전체가 하얗게 되고, 어딘가를 차갑게 하면 그 부분만 검게 변한다는 사실이 밝혀진 바 있습니다.

이는 유전자의 기능을 통해 명확해집니다. 티로시나아제 유전자(멜라닌 색소에 관여하는 유전자)는 온도 민감성 변이를 지니고 있기 때문에 온도가 높아지면 활성도가 떨어져 색소가 형성되지 않게 됩니다. 반대로 온도가 낮아지면 색소를 형성할 수 있게 되죠. 그래서 샴 고양이의 털은 외부 환경과 접해 있는 차가운 부분만 검게 변하는 것입니다. 이는 유전자 발현과 관련된 문제입니다. 이처럼 유전자는 켜지기도 하고 꺼지기도 합니다. 그러므로 질병을 고치려면 그 질병의 유전자를 끄면 된다는 뜻입니다. 질병의 치료법에는 이러한 방식도 있다는 사실을 기억해두세요.

열쇠는 3의 배수

지금부터 소개하겠습니다만 유전자 변이에는 다양한 종류가 있습니다. 예를 들어, 결실(缺失)이라 해서 어떤 특정 부분만 없어지는 경우가 있습니다(→제1장). 유전자가 없어진다면 기능도 하지 않게 될 테니 당연히 질병에 걸리게 되겠죠. 그런데 재미있게도 결실이 크다고 해서 반드시 증상까지 무겁게 나타나는 것은 아닙니다. 많이 없어졌을 경우와 조금 없어졌을 경우, 보통은 조금 없어진 쪽이 질병의 심각성도 덜할 것 같죠? 많이 없어진 쪽이 더 위험하다고 생각하실 겁니다. 하지만 그렇지 않습니다. 유전자가 없어진 부분의 엑손(exon: 단백질 합성 정보를 지닌 부분)이 3의 배수라면 문제가 없습니다. 3의 배수에 ±1인 경우는 위험하다는 사실이 점차 밝혀지기 시작했죠. 그 이유는 단백질이 형성되는 과정에서 mRNA가 3개씩 끊어서 해석되기 때문입니다(→제3장 참조).

같은 증상이지만 다른 원인

예를 들어, 앤지오텐신이라는 물질이 많아지면 혈압이 높아집니다. 일반적인 사람들에게는 별 상관이 없지만 유전자에 특정한 변이가 일어나면 앤지오텐신이 잔뜩 형성됩니다. 그러면 혈압이 높아집니다. 고혈압의 원인이죠. 이에 대해 흥미로운 사실이 밝혀졌습니다. 앤지오텐신은 앤지오텐시노겐이라는 커다란 물질에서 뚝 떨어져 나와서 생성됩니다. 이 앤지오텐시노겐을 싹둑 자르는 효소를 가리켜 ACE(에이스)라고 합니다. 그래서 고혈압인 사람의 유전자를 조사해보니 앤지오텐시노겐의 유전자에 이상이 발생한 사람도 있었지만 ACE의 유전자에 이상이 발생한 경우도 있었죠. 즉, 앤지오텐신이 대량으로 형성되는 동일한 형태의 고혈압이라도 기본적인 유전자에 이상이 있는 경우와 이것을 싹둑 자르는 효소에 변이가 발생하는 두 가지 경우가 있으며, 둘 모두 같은 증상이 나타났다는 사실이 드러났습니다. 이는 어려운 말로

'기질에 이상이 있든, 효소에 이상이 있든 동일한 증상이 발생한다'라고 표현할 수 있습니다. 기질이 앤지오텐시노겐이라면 효소는 ACE가 되겠죠. 이번에는 다루지 않겠지만 청년성 알츠하이머 역시 같은 현상이 밝혀진 바 있습니다.

문제를 보완해주는 다른 유전자

인간에게 심각한 질병을 일으키는 유전자 변이가 있는데, 원숭이나 쥐 역시 같은 유전자를 지니고 있으며 같은 변이를 형성했음에도 같은 질병에 걸리지 않는 경우도 있습니다. 다시 말해 질병에는 **하나의 유전자뿐 아니라 다른 유전자까지 관여해 있는 경우**가 있다는 뜻이죠. 어떤 유전자가 비정상적이라 해도 원숭이나 쥐에게서 질병이 발생하지 않는 이유는, 원숭이나 쥐에게는 또 다른 변이가 발생해 문제를 보완해주고 있기 때문일 가능성이 있습니다. 그래서 동물 모델을 만들기란 쉽지 않다는 점을 알아두세요. 동물 모델이 간단히 만들어진다면야 다행이겠지만 그렇지 못한 경우도 있습니다.

기능을 잃는 진화도 있다

우리 인간은 진화의 과정에서 과거에 지녔던 기능을 잃게 되는 경우도 있습니다. 기능이 사라진다면 큰일이 아닐까 싶겠지만 기능을 잃으면서 더 인간다워진 예가 있죠. 이를테면 뭔가를 깨물 때 움직이는 턱 근육이 있는데, 이 근육에서 발현되는 미오신*의 유전자가 인간으로 진화하면서 기능을 잃었습니다. 여기에 무슨 장점이 있느냐 하면, 뭔가를 깨무는 기능이 사라졌기 때문에 턱 근육이 작아지는 대신에 머리가 커졌습니다. 다시 말해 깨무는 힘이 줄어든 덕분에 뇌가 커진 것이죠.

또한 카스페이스-12라는 유전자의 기능이 사라지면서 치사성 패혈증 등의 질병에 잘 걸리지 않게 되었다는 사실이 밝혀졌습니다. 진화에는 다양한 종류가 있듯이 유전자 변이에도 다양한 종류가 있는데, 변이가 꼭 나쁜 것만은 아니랍니다.

한 번에 세 가지 질병에 걸리다

그럼 여기서 조금 어려울지도 모르지만 문제를 하나 내보겠습니다.

문제 다음의 세 난치병이 함께 발병한 아이가 있습니다. 원인은 무엇일까요?

---

* 근육을 수축시키는 단백질.-옮긴이

① 선천성 부신 저형성증

② 글리세롤 키나아제 결핍증

③ 만성육아종증

알아내셨나요? 모두 난치병입니다. 심각한 난치병인 선천성 부신 저형성증은 생후 다양한 호르몬(알도스테론, 코르티솔, DHEA)이 저하되는 질병입니다. 그뿐 아니라 글리세롤 키나아제 결핍증으로 혈액 속의 글리세롤이 많아져 지질을 합성하고 포도당 신생합성에 필요한 글리세롤-3-인산이 부족한 상황이죠. 하나씩 떼어놓고 보더라도 심각한 질병인데 두 병이 함께 발생한 것도 모자라 세 번째로 만성육아종증까지 발병했습니다. 만성육아종증은 면역부전증으로, 침입해온 병원체를 살균하지 못해 감염이 반복적으로 발생하게 됩니다. 외부에서 쳐들어온 세균을 죽이지 못하게 된다는 뜻이죠. 즉, 백혈구가 세균을 해치울 수 없게 되는 질병입니다. 이러한 질병은 보통 각자 다른 사람에게 발병하기 마련인데 세 질병이 한꺼번에 발생한 아이가 발견되었습니다. 그야말로 삼중고나 마찬가지죠. 안타깝게도 이 아이는 죽고 말았습니다. 하지만 유전자 분석을 통해 엄청난 사실이 발견되었습니다. 무엇이었을까요?

처음에는 모두가 왜 이런 일이 벌어졌는지 이해하지 못했습니다. 세 가지 질병은 전혀 다른 장기에서 생겨나는 질병임에도 동시에 발생했으니 말입니다. 말이 안 되는 상황이었죠. 그 이유는 **유전자가 우연히 이웃하고 있었기 때문**입니다(그림6). 선천성 부신 저형성증과 글리세롤 키나아제 결핍증, 그리고 만성육아종증의 유전자는 비슷한 부분에 배치되어 있으며, 그 사이에는 뒤센형 근이영양증유전자가 위치해 있습니다. 사실 이 아이는 3개가 아니라 4개의 질병을 지니고 있었는데, 이 네 질병의 유전자가 배열된 부분 전체가 결손된 상태였던 것입니다(그림6). 즉, 유전자에서 그 부분이 빠져나가 있었다는 뜻이죠. 그래서 이 네 질병이 한꺼번에 발생했다는 사실을 알게 되었습니다.

이러한 서로 다른 질병이 우연히 한꺼번에 일어나는 상황을 **유전자의 배열로 설명할 수도 있다는 사실**이 처음으로 밝혀진 사례였습니다. 커다란 결실(缺失)이 있었던 것이죠. 죽은 아이가 남겨준 세포를 통해 뒤센형 근이영양증의 원인이 밝혀졌습니다.

유전자는 균등하게 배열되어 있지 않다?

김사(Giemsa)액이라는 염색약에 담가서 염색을 하면 염색체에는 그림6처럼 줄무늬가 나타납니다. 색이 물든 부분과 하얗게 물든 부분이 있는데, 색 부분을 G밴드, 하얀 부분은 R밴드라고 부릅니다. R밴드 쪽에 유전자가 잔뜩 모여 있으며 G밴드 쪽은 유전자가 적죠. 이런 식으로 유전자는 균등하게 배열되어 있는 것이 아니라 많은 곳과 적은 곳이 섞여 있습니다. 그 모습이 줄무늬처럼 보인다는 사실, 기억해두세요.

그림6 X 염색체의 염색

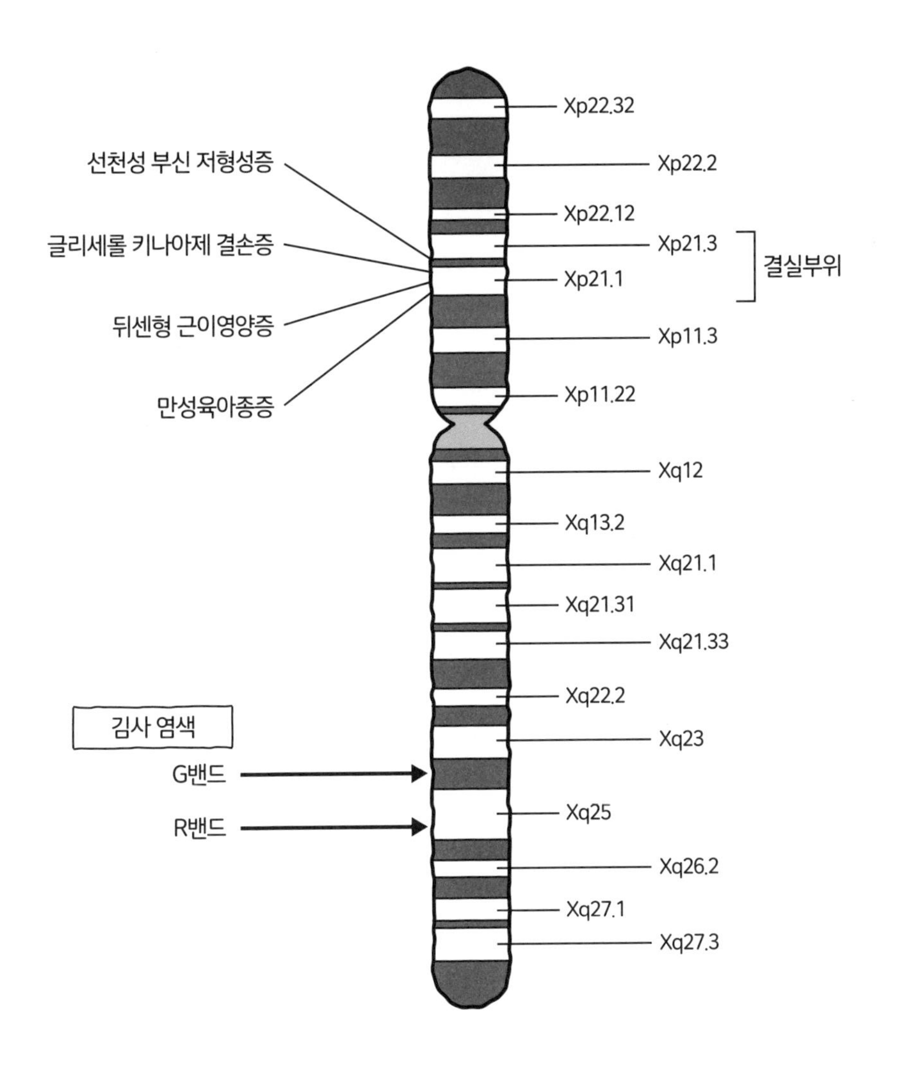
Xp22.32
선천성 부신 저형성증
Xp22.2
Xp22.12
글리세롤 키나아제 결손증
Xp21.3
결실부위
Xp21.1
뒤센형 근이영양증
Xp11.3
만성육아종증
Xp11.22
Xq12
Xq13.2
Xq21.1
Xq21.31
Xq21.33
Xq22.2
김사 염색
Xq23
G밴드
R밴드
Xq25
Xq26.2
Xq27.1
Xq27.3

돌연변이가 자주 일어나는 까닭

근이영양증은 괴로운 질병입니다. 근육이 천천히 위축되면서 근력이 저하되는 유전성 질환으로, 제대로 삼키지도 못하게 되고, 심장 근육까지 망가지기 때문에 최종적으로는 걷지 못하게 되는 등, 다양한 증상이 나타납니다. 호흡마저 불가능해지고 심장에도 이상이 생기죠. 근이영양증에 걸린 아이는 신기하게도 3~5세 때는 다리의 근육이 평범한 사람보다도 불룩하게 부풀어 오릅니다. 이 뒤센형 근이영양증은 부모가 건강하더라도 아이에게 질병이 발생할 수 있습니다. 조금 전에 공부했죠? 바로 열성유전병입니다. 그런데 이 질병은 **돌연변이가 발생할 확률이 다른 질병보다 높습니다.** 신기하죠. 부모가 질병 유전자를 갖고 있지 않더라도 아이에게 질병이 발생하는 경우가 있습니다. 그런데 뒤센형 근이영양증은 그 확률이 가장 높죠.

문제 어째서 뒤센형 근이영양증만이 그렇게나 높은 걸까요?

조금만 머리를 써보세요. 돌연변이가 왜 많은 걸까요? 그 부분이 핵심적인 부분이라 그렇다고 모두가 쉽게 말합니다. 하지만 이유를 묻자 좀처럼 대답하지 못하더군요. 사실 이 문제는 제가 학생에서 연구자로 거듭났을 무렵에 화제에 올랐지만 몇십 년이 지나도록 아무도 알아내지 못했습니다. 놀랍지 않나요? 그런데 어떠한 사실이 밝혀지자 그야말로 당연한 일이었음을 알게 되었죠. 무슨 사실을 밝혀냈을까요? 뒤센형 근이영양증의 유전자는 사실 **인간이 가진 가장 큰 유전자**였던 것입니다. 유전자가 크면 돌연변이가 발생할 확률도 가장 높겠죠. 안 그런가요? **돌연변이는 무작위로 발생**하니 말이죠. **큰 유전자일수록 돌연변이가 발생하기 쉬운 것입니다.** 이렇게 당연한 사실마저 수십 년 가까이 모르고 있었습니다. 하지만 한 번 밝혀지고 나니 돌연변이가 발생하기 쉬운 질병은 유전자가 크기 때문일지도 모른다는 사실이 드러나기 시작했습니다. 유전자 연구는 이런 식으로 조금씩 발전해왔습니다.

어머니로부터 오는 유전자가 조금 더 많다

미토콘드리아의 유전자는 모두 어머니에게서 유래한다

이번에는 아버지와 어머니로부터 물려받는 유전자에 관한 이야기를 해보겠습니다. 남성과 여성에 관한 이야기죠. 결혼해서 아이가 태어나면 아이는 부모의 유전자를 절반씩 물려받게 된다는 사실은 앞서 설명했습니다. 그런데 그게 전부가 아니죠. 유전자는 우리 세포의 핵 안에 있지만 핵뿐만 아니라 전체의 0.5% 정도는 **미토콘드리아 안에도 존재한다**는 사실이 밝혀진 바 있습니다. 그런데 미토콘드리아의 유전자는 두 부모로부터 물려받는 것이 아니라 어머니에게서만 물려받는 것

그림7 미토콘드리아는 어머니로부터 유래

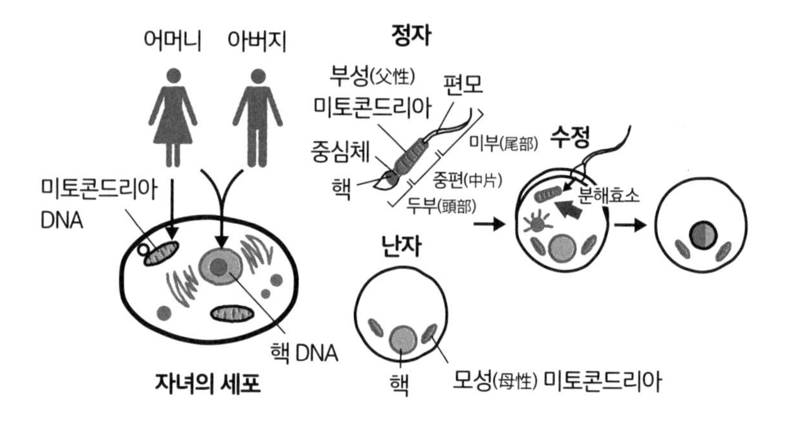

이죠.

그에 관한 이야기를 여기서 잠깐 짚고 넘어가겠습니다. 정자와 난자가 수정을 하면 정자의 핵과 난자의 핵이 하나가 되어 수정란의 핵이 형성됩니다(그림7). 그래서 핵은 아버지와 어머니에게서 물려받은 것이 반반입니다. 반면에 미토콘드리아는 어떤가 하면, 난자 안에는 수백~수천 개의 미토콘드리아가 존재하지만 정자에는 중편(中片)이라는 부분에만 조금 있을 뿐입니다. 수정 과정에서 핵이 안으로 들어오면서 중편도 함께 들어오게 되지만 중편은 쉽게 분해되고 말죠. 그래서 수정란의 미토콘드리아는 어머니의 미토콘드리아만이 남게 되는 것입니다. **미토콘드리아는 어머니로부터 유래한 것**임을 잘 기억해두세요.

요컨대 유전자는 아버지와 어머니로부터 절반씩 물려받는 것이 아니라 어머니로부터 조금 더 많이 받게 된다는 뜻입니다. 어머니의 미토콘드리아에 이상이 있으면 아이는 질병에 걸리게 됩니다. **어머니의 미토콘드리아와 아이의 미토콘드리아는 동일**하니 당연하겠죠. 어머니로부터 모든 아이에게 동일한 미토콘드리아 DNA가 전해집니다.

Y염색체는 아버지에게서 아들에게로

그런데 또 한 가지 흥미로운 부분이 있는데, 아버지만이 전해주는 것도 있다는 사실입니다. 바로 **Y염색체**입니다. Y염색체가 있으면 남성이 되니 아들에게만 이 Y염색체가 전해지게 됩니다.

아버지에게서 아들에게는 Y염색체가 전해집니다. 딸에게는 Y염색체가 전해지지 않죠. 하지만 미토콘드리아는 어머니로부터 자식 모두에게 전해집니다.

정복했는가, 이주했는가

바이킹의 습격

지금까지 들려드린 이야기를 머릿속에 넣어두고 역사 공부로 넘어가 봅시다. 유전자로 알 수 있는 역사도 있거든요. 우선은 바이킹에 관한 이야기입니다. 바이킹이 노르웨이에서 793년에 영국으로 건너와 수도원을 습격했습니다. 이동한 이유는 북유럽의 인구가 증가해 토지가 부족해지면서 장남이 상속을 받고 나면 차남 이하로는 갈 곳이 없어지기 시작했기 때문입니다. 그래서 많은 젊은이들이 노르웨이에서 이동해왔죠. 780년경에는 아이슬란드에도 찾아왔다고 합니다. 그래서 현재 아이슬란드에 살고 있는 사람들의 DNA를 조사해봤습니다.

아이슬란드 사람들의 미토콘드리아 DNA는 60%가 지역 사람들에게서 유래한 것이고 40%는 노르웨이에서 유래한 것이죠. 그런데 Y염색체의 DNA를 조사해보니 70%가 노르웨이에서 유래했으며 30%만이 지역 사람들에게서 유래했습니다.

자, 이 사실에서 무엇을 알 수 있을까요? Y염색체는 아버지로부터 아들에게만 전해지는 것이죠. 잠시 Y염색체에 주목해봅시다. Y염색체는 아이슬란드 사람들의 70%가 노르웨이에서 유전된 것으로, 미토콘드리아 DNA보다 비율이 높았습니다. 이게 어찌 된 일이냐, 노르웨이에서 온 바이킹들이 이 지역을 정복했고, 바이킹 남성들이 지역 여성들로 하여금 아이를 낳게 했다는 뜻이 됩니다.

예를 들어, 어떤 섬에 바이킹 가족이 이주해왔다면 어떻게 될까요? 부부와 자식이 함께 이주해왔으니 이 섬의 Y염색체 비율과 미토콘드리아 비율은 동일해야 합니다. 그런데 바이킹 남성만이 이주해서 이곳에 사는 여성에게 아이를 낳게 했다면 무슨 일이 벌어지는가, 바이킹 남성이 지닌 Y염색체만이 이 섬으로 오게 되므로 노르웨이에서 유래한 Y염색체의 비율이 미토콘드리아의 비율보다 많아집니다. 즉, 이 비

그림8 노르웨이의 유전자 비율

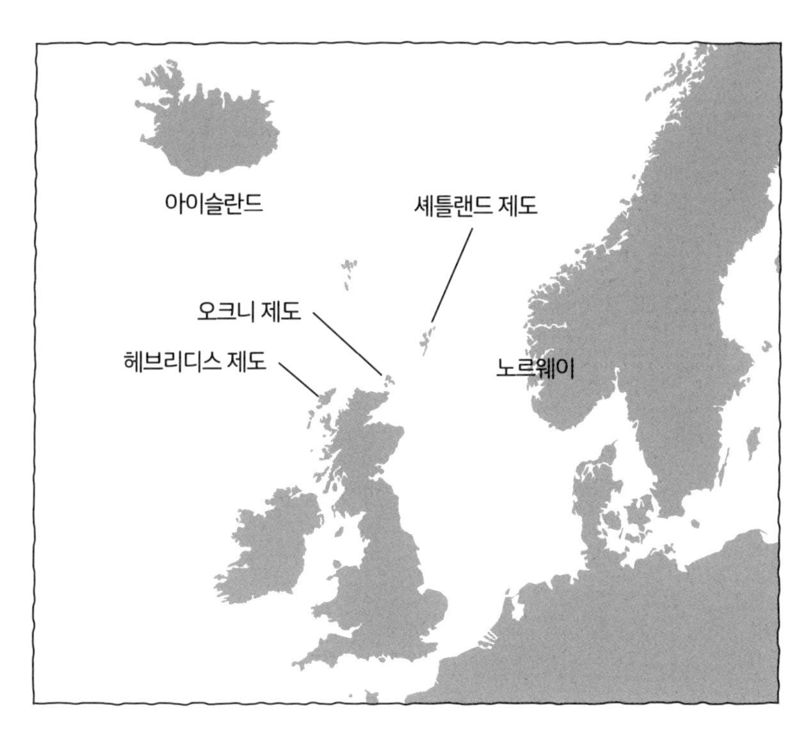

		미토콘드리아	Y염색체
가족이 이주	셰틀랜드 제도	43%	44.5%
	오크니 제도	30.5%	31%
정복	헤브리디스 제도	11%	22.5%
	아이슬란드	34%	75%

Goodacre S, et al.:Heredity(Edinb), 95:129-135, 2005를 토대로 작성

율을 살펴보면 정복당했는지 이주했는지를 알 수 있다는 말입니다.

이 사실에 입각해 그림8을 봐주세요. 아이슬란드까지 포함해 영국의 세 지역에 사는 사람들이 어느 정도의 비율로 노르웨이의 유전자를 보유하고 있는지를 조사한 연구가 있습니다. Y염색체의 비율이 미토콘드리아에 비해 압도적으로 높은 곳은 헤브리디스 제도와 아이슬란드죠. 즉, 헤브리디스 제도와 아이슬란드는 바이킹 남성들이 침입해 정복한 지역이었다는 뜻입니다. 그런데 셰틀랜드 제도와 오크니 제도는 미토콘드리아와 Y염색체의 유전자 비율이 거의 동일했습니다. 그 말인즉슨, 가족 단위로 이주했음이 분명하다는 것입니다. 이런 식으로 정복당했는지, 아니면 이주했는지를 알 수 있습니다. 이러한 사례가 수없이 발견되기 시작했죠.

자손이 아니었다?

페루의 리마 주민들은 자신들이 아메리카 인디언의 자손이라 여기고 있습니다. 그런데 유전자를 조사해보니 그들의 95%의 미토콘드리아 DNA가 아메리카 인디언의 자손임을 나타내고 있지만 Y염색체의 절반은 유럽인에게서 유래한 것이었습니다. 그 이유를 아시겠습니까? 그들은 확실히 아메리카 인디언 여성에게서 태어났습니다. 하지만 Y염색체의 절반이 유럽인에게서 유래했다는 사실은 유럽에서 온 사람들이 아메리카 인디언에게 아이를 낳게 했다는 뜻이 됩니다.

정복이 아니었다

폴리네시아는 어떨까요? 폴리네시아 사람들의 미토콘드리아 DNA는 모두 동남아시아에서 유래합니다. 폴리네시아 여성에게서 태어난 아이는 그 주변에 살고 있음이 밝혀졌습니다. 다시 말해 폴리네시아 사람들은 남미가 아닌 동남아시아에서 건너 온 사람들임을 알 수 있습니다. 그런데 Y염색체를 살펴보니 3분의 1이 유럽인에게서 유래하고 있었습니다. 이 또한 유럽인이 정복했기 때문일까요? 그렇지 않았습니다. 사실은 어머니가 자신의 딸을 유럽인과 결혼시키려 한 결과물이었죠.

인종차별 문제

이런 식으로 남성과 여성의 유전자를 조사해보면 인류가 어떻게 이동했는지까지 알아낼 수 있다는 사실을 알려드렸습니다. 흥미롭기는 하지만 그렇다 해서 '나도 이런 연구를 해봐야지'라고 생각하셨다면 안타깝게 되었군요. 현재 이와 같은 연구는 불가능합니다. 어째서인지 아시겠습니까? 조금만 생각해보세요. 대략 짐작이 가실 겁니다. 이런 연구를 진행했다간 인종이 밝혀지고 맙니다. 인종이 밝혀져서는 안 된다고 말하는 사람들이 있죠. 그렇습니다, 조사하려거든 얼마든지 조사해볼 수 있지만 이는 자칫 인종차별로도 이어질 가능성이 있기 때문입니다. 하지만 이건 과학이니까요. 해야 한다와 해서는 안 된다는 의견으로 갈려 크게 문제시되고 있습니다. 이 연구를 실시했다가는 인종이 고정되어 '××인'이라는 식으로 정해지게 됩니다. 그래서 반대를 외치는 사람이 있는 것이죠. 한편으로는 의학 연구에 도움이 된다고 말하는 사람도 있습니다.

여러분은 아실지 모르겠습니다만 어떤 약이 특히 아프리카계 미국인에게 효과가 좋다는 사실이 밝혀져 승인된 사례가 있습니다. 하지만 아프리카계 미국인에게 효과가 좋다는 말은 유전자를 조사해야만 알 수 있다는 뜻이기도 하죠. 이처럼 역시나 인종차별이 아니라 의학 연구에 도움이 된다고 보는 견해가 있습니다. 하지만 어느 쪽이든 더는 연구가 어려워졌다는 사실은 분명하죠. 역사적인 사실을 조사하기란 무척 어려운 일임을 알 수 있습니다.

혈족 결혼의 특징

마지막은 혈족 결혼에 관한 이야기로 마쳐볼까 합니다. 백색증이라는 말을 들어보셨나요? 색소가 전혀 없는 사람입니다. 그렇게 나이를 먹지 않았음에도 머리카락이 새하얗고 눈은 토끼처럼 새빨갛죠. 색소가 없기 때문에 당연히 자외선에 약합니다. 이런 사람들을 알비노(albino)라고 부릅니다. 여러분도 하얀 호랑이가 태어났다거나 하얀 사자가 태어났다는 말을 들어본 적이 있을 겁니다. 이는 기본적으로 백색증이라 불리는 열성유전병입니다. 백색증에 걸린 어떤 사람이 태어나게 된 경위를 살펴보니 형제의 자식끼리 결혼해서 태어난 사람이었습니다. 다시 말해 사촌 결혼을 통해 태어난 사람이었죠. 혈족 결혼에서는 이러한 일이 벌어지기도 합니다.

문제 사촌 결혼의 특징을 말해보세요

사촌 결혼의 예로, 그림9처럼 두 자매(3과 6)가 있고, 둘이 각각 다른 남성(4와 5)와 결혼해서 태어난 아들(7)과 딸(8)이 있습니다. 이 아들과 딸이 사촌지간입니다. 그리고 둘이 결혼해서 태어난 아이(9)가 사촌 결혼을 통해 태어난 아이가 됩니다.

그림9에서 빗금이 쳐진 유전자를 봐주세요. 이 유전자가 앞서 공부한(→90쪽 참조) 테이-삭스병의 유전자라고 생각하시면 됩니다. 테이-삭스병은 유전자를 하나만 보유했을 경우에는 아무런 이상이 없으므로 1은 건강합니다. 여기서 1의 두 유전자 중 하나가 자녀에게로 전해집니다. 우연히 이 유전자가 두 딸(3과 6)에게 전해졌다고 가정해보죠. 또한 그 아들(7)과 딸(8)에게도 전해졌습니다. 그러면 이 사촌은 테이-삭스 유전자를 하나씩 지녔기 때문에 결혼을 하면 자녀(9)에게서 테이-삭스병이 발생할 가능성이 생겨납니다. 이렇게 될 확률은 어느 정도나 될까요? 전부 곱해보면 $\frac{1}{64}$ 이군요. 64쌍 중 1쌍에서는 이러한 결

그림9 사촌 결혼의 가계도

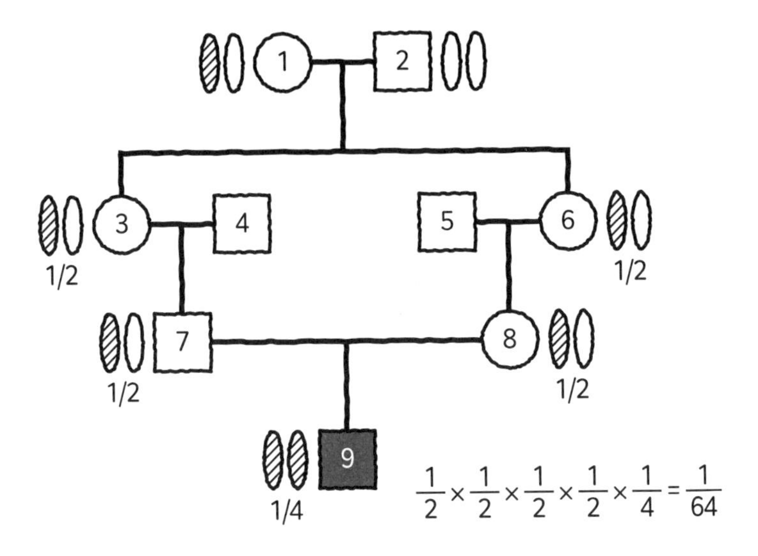

과가 나온다는 뜻입니다. 사촌 결혼에서는 열성유전병이 나타날 확률이 높아진다고 보면 정답이겠습니다.

현재 일본에서 열성유전병에 걸린 자녀를 낳은 부부 3쌍 중 2쌍은 사촌 결혼을 했다는 사실이 밝혀진 바 있습니다. 하지만 일본에서는 사촌 결혼이 허용되어 있으니 막을 수는 없죠. 사촌끼리 결혼을 하더라도 문제가 될 일은 전혀 없지만 열성유전병에 걸릴 위험성이 높으니 그만두자고 말하는 사람은 있을지도 모르겠습니다. 하지만 그것이 전에도 언급한 천재 유전자였다면 어떨까요? 어쩌면 64분의 1의 확률로 천재가 태어날 가능성도 있는데요. 나쁜 일만 일어나는 것은 아닙니다.

열성유전병에 걸릴 확률이 높지만 좋은 방향으로 발현될 가능성도 있습니다. 이러한 점이 사촌 결혼의 특징입니다. 혈족 결혼은 현재 일본에서는 점차 감소하기 시작한 현상이지만 예전에는 제법 많았습니다.

결혼할 수 있는지 알아보자

삼촌과 조카는 결혼할 수 있을까?

일단 이번 수업은 여기까지입니다만, 지금부터는 잠깐 부록 같은 시간을 가져보도록 하겠습니다. 바로 '피의 진함'을 수치로 나타낼 수 있다는 이야기입니다. 이 수치를 근교계수(近交係數)라고 하는데, 바로 **공통조상의 유전자가 동형접합자가 될 확률**을 말합니다. 열성유전병의 유전자가 동형접합자가 되면 질병이 발생하는데, 그렇게 될 확률을 가리키죠. 현재는 이 근교계수를 통해 결혼할 수 있는지 아닌지가 정해집니다.

그럼 삼촌과 조카는 결혼할 수 있을까요? 유전자를 통해 생각해봅시다(그림10). 유전자는 무조건 2개씩 존재합니다. 2개씩 존재하는 유전자 중, 빗금이 쳐진 유전자를 질병, 여기서는 테이-삭스병의 유전자라고 가정하겠습니다. 테이-삭스병의 유전자가 앞으로 태어날 아이에게서 동형접합자가 될 확률이 어느 정도인지 계산해보죠. 1의 두 유전자 중 하나가 3으로 올 확률은 1/2입니다. 1의 두 유전자 중 하나가 4

그림10 삼촌과 조카의 결혼

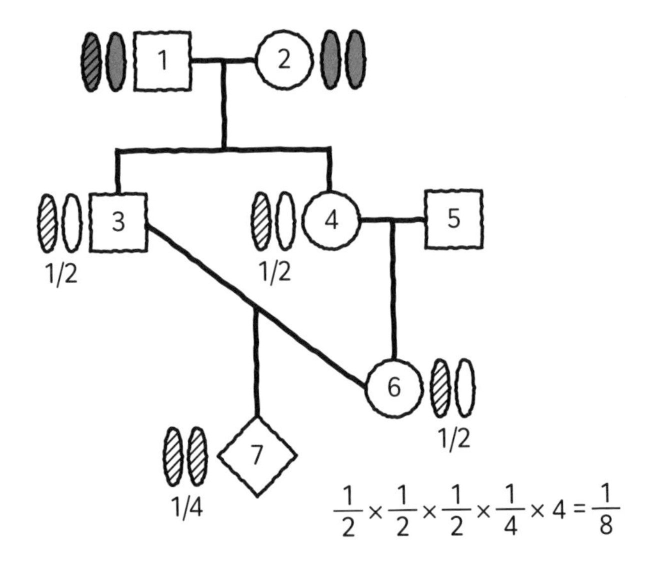

로 올 확률도 1/2입니다. 4에서 6으로 올 확률 역시 1/2입니다. 이때 7에서 빗금과 빗금이 한 자리에 모일 확률은 1/4입니다. 즉, 맨 위의 테이-삭스병 유전자(하지만 이 사람은 병에 걸리지 않았습니다. 열성유전병이니까요)가 7에서 동형접합자가 될 확률은 모두 곱해보면 1/32이 됩니다. 즉, 1/32의 확률로 병에 걸린다는 뜻인데, 이 수치가 바로 빗금이 쳐진 유전자가 한 자리에 모일 확률입니다. 그런데 맨 윗세대의 네 유전자 중에서 무엇이 질병 유전자든 상관이 없겠죠. 그러니 여기서 4를 곱해야 합니다. 이해하셨나요? 맨 위쪽의 네 유전자 중 무엇인가가 맨 아래쪽에서 하나가 될 확률이 바로 근교계수입니다. 그러니 조금 전의

1/32에 4를 곱한 1/8이 바로 이 공통조상의 유전자가 동형접합자가 될 확률입니다. 7의 입장에서 볼 경우, 아버지와 어머니를 각각 따라서 공통조상을 거슬러 올라가보면 1과 2가 되겠죠. 이 공통조상의 유전자가 동형접합자가 될 확률을 근교계수라고 부릅니다. 그리고 그 근교계수는 1/8이고요. 일본에서는 법률상 근교계수가 1/16보다 크면 결혼할 수 없게끔 정해져 있습니다. 즉, 지금의 일본에서 삼촌과 조카는 결혼할 수 없다는 뜻입니다.

사촌과는 결혼할 수 있을까?*

그럼, 사촌 결혼은 어떨까요. 간단합니다. 가계도는 그림11을 따르겠습니다.

빗금이 쳐진 유전자가 사촌 결혼을 통해 태어난 아이에게서 동형접합자가 될 확률을 계산해보면 1/64이 됩니다. 하지만 맨 위쪽의 네 유전자 중에서 어느 것이 질병 유전자이든 마찬가지이므로 최종적으로는 여기에 4를 곱해 1/16이 되겠습니다. 일본에서는 1/16보다 크면 결혼할 수 없지만 1/16이면 결혼이 가능하죠. 따라서 일본에서는 사촌끼리도 결혼할 수 있습니다. 이처럼 근교계수를 계산해보면 피가 어느 정도로 진한지를 알 수 있죠. 유명한 사례로는 아인슈타인, 다윈이 사

* 한국에서는 민법상으로 8촌 이내의 혈족과의 결혼은 근친혼으로 보아 금지하고 있다.-옮긴이

그림11 사촌 결혼

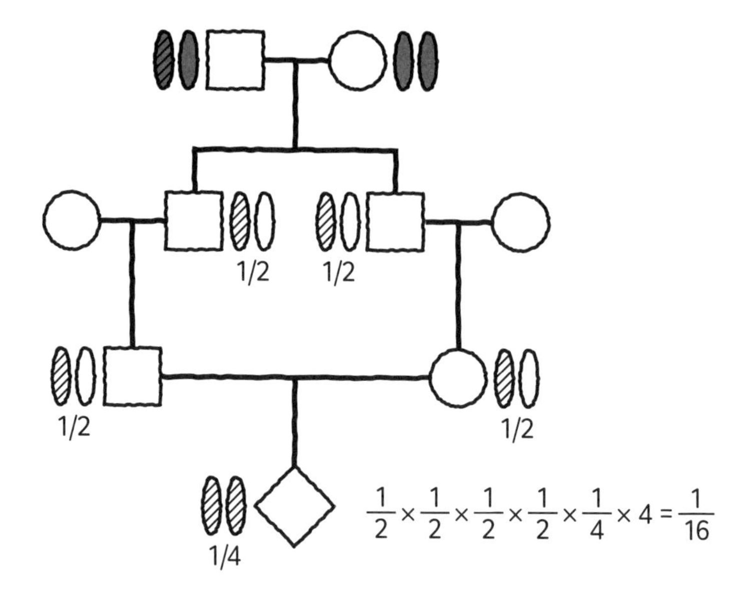

촌과 결혼했다고 하는군요.

일란성쌍둥이의 경우는?

거의 끝나갑니다만 이제부터 살짝 어려워집니다. 조금 전에 언급된 사촌 결혼의 가계도 속 두 공통조상에서 태어난 형제가 만약 일란성쌍둥이였다면 어떻게 될까요? 일란성쌍둥이는 유전자가 완전히 똑같기 때문에 유전적으로는 동일인물이라 보더라도 무방합니다. 즉, 가계도는 그림12처럼 된다는 뜻이죠. 한 사람이 다른 두 여성과 결혼한 셈이나 마찬가지입니다. 이게 대체 무슨 말인가 하면, 어떤 사람이 여성과

그림12 이복남매의 결혼

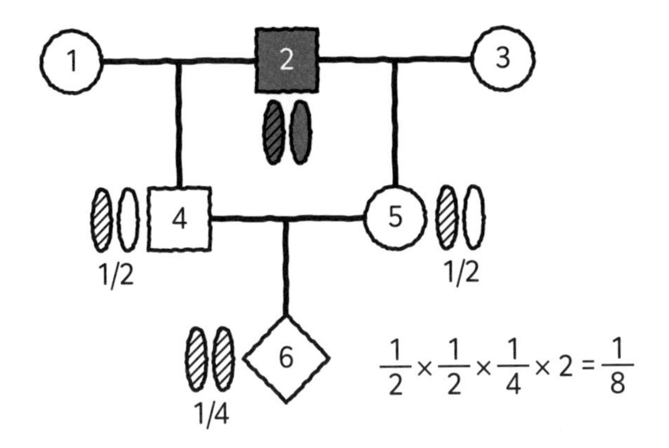

결혼해 아들을 낳았습니다. 그리고 또 다른 여성과 결혼해 딸을 낳았습니다. 그러면 두 아이는 이복남매가 되겠죠. 이는 결국 '이복남매는 결혼할 수 있는가?'라는 문제와 일맥상통해진다는 뜻입니다. 그러면 이복남매의 공통조상은 회색으로 칠해진 2뿐입니다. 그러므로 이 사람의 두 유전자가 동형접합자가 될 확률을 계산하면 되겠죠. 계산해보면 그 값은 1/8로 1/16보다도 커집니다. 따라서 일란성쌍둥이가 관련되어 있거나 이복남매일 경우는 결혼할 수 없습니다.

이중사촌의 결혼

마지막으로 그림13과 같은 이중사촌의 결혼에 대해 살펴보겠습니다. 어떤 부부에게서 태어난 두 사내아이(5와 6)가 있습니다. 그리고 다른

그림13 이중사촌의 결혼

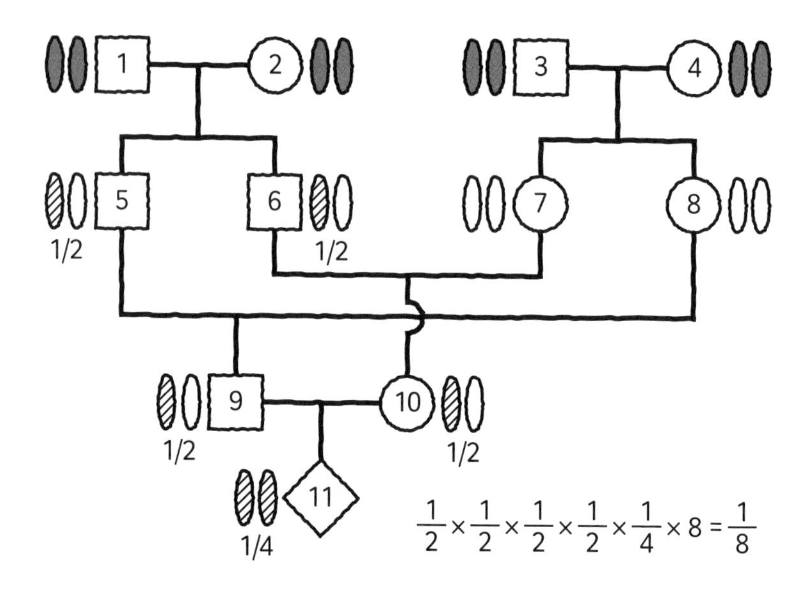

부부에게서 태어난 두 여자아이(7과 8)가 있습니다. 네 사람은 각자가 서로를 좋아하게 되어 결혼했습니다. 그중 한쪽에서는 사내아이(9)가 태어났고, 다른 쪽에서는 여자아이(10)가 태어났습니다. 이 둘을 이중사촌이라고 부릅니다. 이중사촌은 결혼할 수 있을까?라는 문제입니다. 잘 계산해서 답을 구해보세요. 확률은 1/8로, 결혼할 수 없다는 답이 나옵니다.

또 다른 보기 드문 결혼

아주 드물게도 일란성쌍둥이 두 쌍이 결혼한 사례도 있습니다. 형이 동생에게 "좋아하는 쪽을 고르되 바꾸기는 없다"라고 말했다는군요. 재미있게도 한쪽에서는 사내아이가, 다른 한쪽에서는 여자아이가 태어났습니다. 굉장하네요. 유전적으로는 같은 부모에게서 태어난 형제나 마찬가지이니 근교계수는 1/4입니다. 세상에는 이러한 사례도 찾아볼 수 있습니다.

이번에는 유전에 관한 이야기였습니다. 유전에 관해서는 다양한 사실들이 밝혀지기 시작했으니 꼭 알아두세요. 그럼 여기서 마치도록 하죠.

정리

- 우성유전은 가계의 절반에서 성질이 나타나며, 하나의 유전자에 변이가 있으면 발현됩니다.
- 열성유전은 가계에서 드물게 나타나며, 유전자가 기능을 갖추고 있지 않으므로 이형접합자에서는 나타나지 않습니다.
- 미토콘드리아와 Y염색체의 유전자를 조사하면 인류의 정복과 이주의 역사를 알 수 있습니다.
- 혈족 결혼은 열성유전병에 걸릴 위험성이 높지만 예전부터 행해져왔습니다.

제 3 장

DNA 감정과 역사에 얽힌 수수께끼

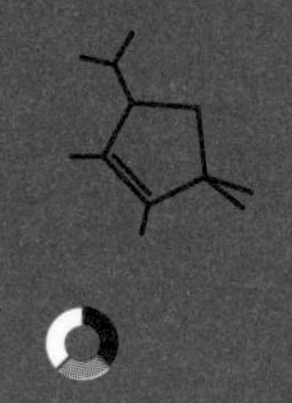

DNA, RNA 단백질의 관계

이번에는 유전자, DNA 등에 관한 이야기를 해볼까 합니다. DNA가 이중나선 구조라는 사실은 익히 알고 계시겠습니다만, 이 이중나선 구조의 DNA 전부가 유전자인가 하면 그렇지는 않습니다. 유전자는 그 일부분으로, 띄엄띄엄 배치되어 있습니다. 이 유전자에서 우리 몸을 구성하는 단백질이 형성됩니다.

하지만 제2장에서도 언급했듯이 **유전자는 태어나서 죽을 때까지 꾸준히 단백질을 만들어내지는 않습니다.** 여러분이 지닌 유전자는 동일하지만 어릴 때와 어른이 되었을 때는 얼굴 생김새까지 모두 다르죠. 이는 각각의 유전자가 어느 특정한 시기에만 작용하기 때문입니다. 아기일 때는 아기일 때 작용하는 유전자가, 나이를 먹었을 때는 그때 작용하는 유전자가 존재하는 식으로 작용하는 유전자가 각기 다릅니다. 하지만 **DNA는 쭉 동일한 것이 존재하고 있죠.**

유전자는 몇 개나 될까? 하는 궁금증이 지금까지 줄곧 이어져왔습니다. 인간의 유전자는 대략 2만 개 정도로, 단백질을 형성하는 유전자의 개수는 약 2만 1000개라는 사실이 밝혀졌습니다. 하지만 단백질을 만들어내지 않는 유전자도 존재합니다. 나중에 다시 설명하겠습니다만, RNA까지밖에 만들지 않는 유전자가 있습니다. 그러한 유전자를 비암호화(Non-coding) 유전자라고 부릅니다. 단백질을 암호화하지 않는 유전자라는 뜻이죠. 이 또한 2만 개 정도가 있습니다. 우리 몸의 유전자는 단백질을 형성하는 유전자가 약 2만 개, 만들어내지 않는 것도 약 2만 개로, 유전자의 개수는 의외로 그렇게까지 많지 않다는 사실을 이해하셨을 겁니다.*

DNA의 규칙적인 구조

DNA는 어떠한 구조를 이루고 있는지에 대해 잠시 설명하도록 하겠습니다. DNA는 2개의 사슬이 결합된 이중나선 구조를 이루고 있습니다. 사슬은 아데닌(A), 구아닌(G), 티민(T), 시토신(C)이라는 4개의 염기로 구성되어 있습니다. 이 4개의 염기가 어떻게 조합되어 있는가 하면, 나열되는 방식은 무작위지만 2줄의 사슬 사이에는 규칙성이 있습니다. **A의 맞은편에는 반드시 T가 오고, G의 맞은편에는 반드시 C**가 오게 되므로 A와 T, G와 C가 항상 짝을 이루게 됩니다.

DNA→mRNA(전사)

DNA의 정보는 메신저 RNA(mRNA)에 찍히고(전사), mRNA를 거푸집 삼아 단백질이 만들어집니다(번역). DNA는 본래 두 줄이지만 두 줄을 다 쓰기는 번거로우니 둘 중에서 중요한 쪽만 쓰도록 되어 있습니다.

---

* 단백질을 암호화하는 유전자도 약 2만 1000개, 암호화하지 않는 것도 약 2만 1000개가 존재합니다. 하지만 흔히 말하는 '유전자'란 전자를 가리키는 것으로, 인간의 유전자 수는 약 2만 1000개로 표기합니다.

mRNA는 둘 중에서 하나를 거푸집 삼아 만들어지는데, 이 mRNA가 되는 쪽이 중요한 사슬로 통합니다. 만들어진 결과물을 보면 DNA와 거의 동일합니다만, T가 U로 바뀌어 있죠. 즉, RNA가 되면 티민(T)이 우라실(U)로 변한다는 사실만 기억해두시면 됩니다.

mRNA→단백질(번역)

단백질은 이 mRNA를 거푸집으로 삼아서 만들어집니다. AUG에서 시작해 3개씩 끊어서 해석되죠. 해석은 어떻게 이루어지는가 하면, 유전암호라 해서 각 염기가 배열된 방식에 따라서 대응되는 아미노산이 정해져 있습니다. 예를 들어, AUG에서는 메티오닌이라는 아미노산이,

그림1 DNA→mRNA→단백질의 흐름

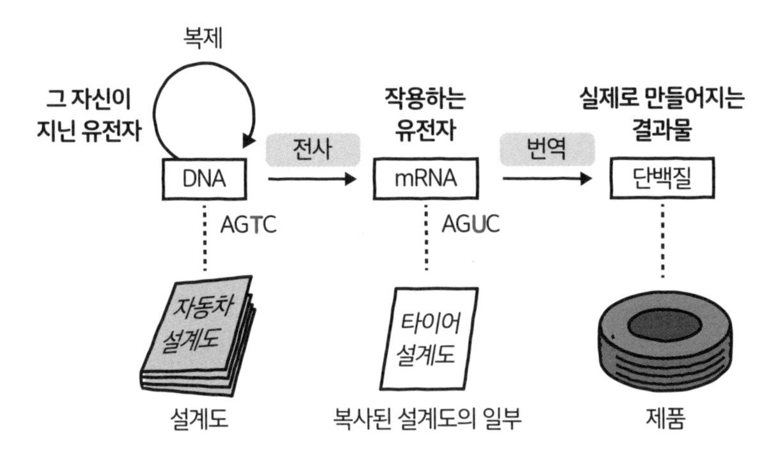

『현대생명과학 제3판(現代生命科学 第3版)』(도쿄대학교 생명과학교과서 편집위원회 편집, 요도샤, 2020)을 토대로 작성.

UUC에서는 페닐알라닌이, UCG에서는 세린이라는 아미노산이 만들어집니다. 이것들이 쭉 이어지면서 단백질을 형성하게 됩니다. 이 암호에 따라서 우리 몸의 단백질이 만들어지고 있죠.

지금까지 한 이야기를 정리하자면 DNA는 우리 자신이 지닌 유전자로, 아버지와 어머니로부터 물려받은 것이 한 쌍씩 존재합니다. 이 사실은 여러분도 모두 이해하셨을 겁니다. 염기는 AGTC로 구성됩니다. 하지만 여기서 해석되는 mRNA는 T가 U로 변해 있죠. 이곳에서 단백질이 만들어지는 셈이니 **어느 유전자가 작용하는지를 알아볼 때에는 mRNA를 살펴보면 됩니다.** 바로 여기서 우리 몸을 구성하는 단백질이 형성됩니다. 따라서 DNA를 전부 조사하는 것은 그가 지닌 모든 유전자를 조사한다는 뜻이며, 그중에서 작용하는 유전자만을 조사하고 싶을 때는 mRNA를 조사하면 되겠습니다. 단백질이 어떻게 작용하고 있는지 알아볼 때에는 단백질을 살펴보면 되겠죠(그림1).

DNA 감정으로 가능한 일들

이어서 DNA 감정에 관한 이야기를 해볼까 합니다. 우선 DNA 감정이 어떻게 이루어지는지에 대해 소개해보도록 하겠습니다. DNA 감정이 가장 많이 사용되는 분야는 친자확인이나 범죄수사 등입니다.

그림2 DNA 진단의 사례

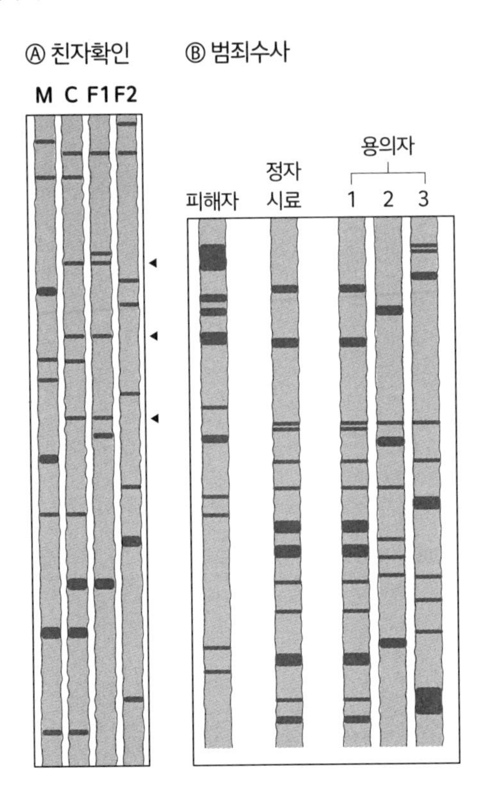

친자확인

잠시 그림2A를 봐주세요. M은 Mother, 즉 모친의 유전자입니다. 모친의 유전자가 이렇게 이루어져 있으며 C는 Child, 자녀의 유전자를 가리킵니다. 모친과 자녀의 유전자가 전혀 다름을 알 수 있죠. F는 Father, 부친의 유전자이고, F에는 1과 2가 있습니다. 자연스럽게 스토리가 떠오르는군요.

문제 둘 중 누가 진짜 아버지일까요?

F1과 F2 모두 유전자 패턴이 전혀 다름을 알 수 있습니다. 그런데 여러분도 아시다시피, 아이는 아버지와 어머니로부터 유전자를 절반씩 물려받게 됩니다. C의 맨 위쪽 선은 F1과 F2 모두에 존재합니다. 이것만 봐서는 누가 아버지인지 알 수가 없겠군요. 두 번째 선은 M과 같은 위치에 있으니 이쪽은 어머니로부터 물려받은 유전자일 겁니다. 세 번째는 F1과 동일하네요. 네 번째 역시 F1과 동일합니다. 다섯 번째는 M과 동일하고요. 여섯 번째는 F1과 동일합니다. 이를 보면 알 수 있듯이 진짜 아버지는 F1임이 밝혀졌습니다.

나중에 설명하겠습니다만, 머리카락이나 혈액에서 DNA를 채취해 친자관계를 감정할 수 있습니다. 현재의 기술 수준이라면 거의 틀리는 법이 없죠.

범죄수사

그림2B는 무슨 사례인가 하면, 왼쪽은 어떤 살인사건의 피해자인 여성의 유전자입니다. 그 피해자의 곁에는 남성의 정자가 떨어져 있었죠. 그 정자의 유전자 패턴이 밝혀졌는데, 마침 수상한 남자 셋이 있었기에 세 사람의 유전자 패턴도 조사해보았습니다.

문제 **누가 범인일까요?**

떨어져 있던 정액의 패턴과 완벽하게 똑같은 것은 용의자1이군요. 그렇다면 1이 범인임을 알 수 있습니다.

DNA를 채취하는 방법

DNA는 면봉으로 입안의 점막을 조금 걷어낸 다음에 그 점막에서 유전자를 추출해내는 방식으로 채취합니다. 그 외에도 우리의 몸 구석구석에서 DNA를 채취할 수 있죠. 몸의 유전자는 모두 동일합니다. 정자와 난자만큼은 그 유전자가 절반이지만 다른 유전자들은 전부 똑같죠. 특히 정액이나 혈액의 경우는 1*ml*당 DNA가 대단히 많습니다. 구강점막과 마찬가지로 혈액이나 침에서도 많이 찾아볼 수 있죠. 뼈나 치아에도 DNA가 있습니다. 따라서 수 년 전의 뼈나 치아가 남아 있으면 이를 통해 누구인지를 알아낼 수 있습니다. 머리카락에서도 채취할 수 있고, 양은 적지만 소변에서도 채취할 수 있습니다.

머리카락의 어느 부분에 DNA가 있을까?

머리카락에서도 DNA를 채취할 수 있다고 위에서 언급했습니다만, 가위로 잘라낸 머리카락에서는 DNA를 채취할 수 없습니다. 사실 머리카락 그 자체가 아니라, 머리카락을 뽑아보면 밑동 부분에 모근이라는 세포가 남아 있는데, 이 모근에서 DNA를 채취하는 것입니다. 잘라내면 안 됩니다. 아주 적은 양이라도 PCR로 늘릴 수 있으니 보통은 몇 가닥 이면 충분합니다. 하지만 반드시 뽑아야 합니다.

DNA의 개인차

채취한 DNA를 통해 어떻게 DNA를 감정하는지에 대해 소개하도록 하겠습니다. 우리의 DNA는 500~1000개에서 하나밖에 문자가 다르지 않습니다. 무척 비슷하지만 어떤 부분이 다른지 알 수 있죠. DNA의 중간에는 문자가 2개씩 나열된 부분이 있습니다. 예를 들어서, ATATAT라는 식으로 길게 늘어선 부분이 있는데, 이 부분을 자세히 살펴보면 반복된 횟수가 다르다는 사실을 알게 됩니다. 이 중복된 부분을 미세부수체(microsatellite)라고 합니다. 여기에는 개인차가 있는데, 이를 다형(多型)이라 부릅니다. 이 반복 횟수가 다르면 DNA를 똑같이 절단하더라도 절단된 부위의 길이가 달라집니다. 이 **미세부수체의 차이를 이용해 DNA를 감정해서 개인을 특정해낼 수 있음이 밝혀진 바 있습니다.**

친자관계 조사

그와 관련된 사례 하나를 소개해볼까 합니다. 그림3의 가계도를 봐주세요. 유전자는 두 개씩 지니고 있으니 각각의 유전자에서 조금 전에

그림3 어디가 이상할까?

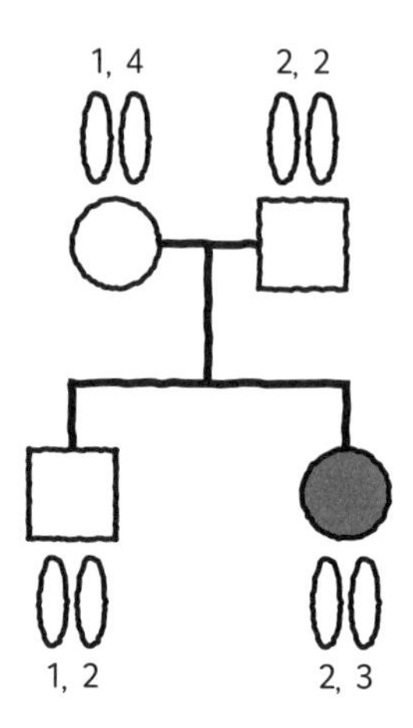

언급한 미세부수체의 다형이 어떤 형식으로 이루어져 있는지를 살펴보았습니다. 어머니는 1과 4라는 다형을 갖고 있었습니다. 아버지는 2와 2라는 다형을 갖고 있음이 밝혀졌죠. 아이는 1과 2, 2와 3임을 알 수 있었습니다. 그렇다면, 이 가계도에서 이상한 점을 느끼지 못하셨나요?

문제 어디가 이상한지 알아내셨습니까?

아이의 유전자는 반드시 아버지와 어머니로부터 하나씩 물려받게 됩니다. 아들은 1과 2였으니 1이 어머니로부터, 2가 아버지로부터 온 유전자임을 알 수 있죠. 그런데 딸은 좀 이상하군요. 1과 4, 2와 2의 다형을 지닌 부모에게서는 2와 3의 다형을 지닌 아이는 태어날 수 없으니 말입니다. 어디가 이상한지 이해하셨겠죠? 옆집 아저씨를 의심해 봐야 할까요? 아니겠죠. 이는 아버지는 같을지 몰라도 어머니가 다르다는 뜻인데, 만약 어머니가 다르다면 병원에서 아이가 뒤바뀐 것일지도 모릅니다. 물론 또 하나의 가능성으로 돌연변이가 발생했을 경우도 있습니다만, 이런 식으로 친자관계를 쉽게 알아낼 수 있죠. 여기서는 한 곳만 조사했지만 십여 곳을 조사해보면 진짜 부모인지 아닌지를 판정할 수 있습니다.

질병 유전자의 보유 여부도 알 수 있다

또한 친자관계뿐 아니라 질병에 대한 판정도 내릴 수 있습니다.

그림4의 가계도를 봐주세요. 좌측 상단의 여성은 45세의 나이에 발병한 치매로 세상을 떴음을 나타내고 있습니다. 여기서 이 병을 유전병이라 가정한다면 1/2의 확률로 질병 유전자가 44세의 딸에게 전해졌을 가능성이 생겨납니다. 이 질병은 45세에 발병하니 이 여성은 어쩌면 자신의 어머니와 똑같은 나이에 발병하게 될 가능성이 있다는 뜻이죠. 자녀도 셋이 있는데, 걱정이 된 자녀들이 유전자 진단을 받기 위해 병원을 찾았습니다. 이 44세의 여성이 만약 치매 유전자를 갖고 있다면 자신의 어머니가 세상을 뜬 나이와 같은 나이가 되었을 때 곧바로 치매가 발병할 가능성이 있습니다. 이 여성은 유전자 진단을 원

그림4 유전자 진단을 해야 할까?

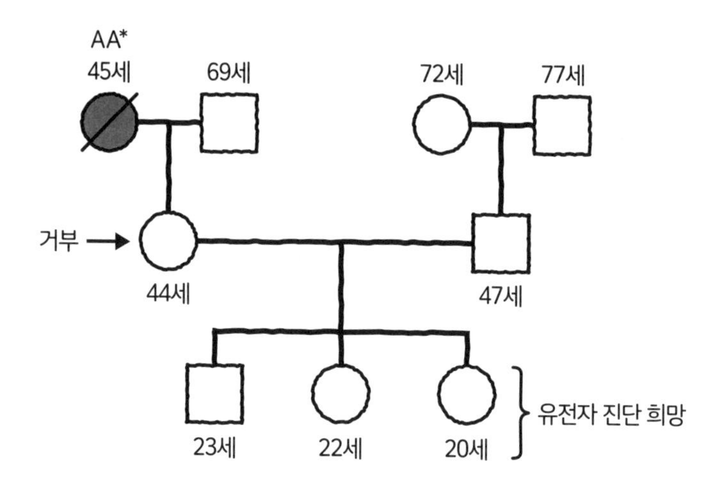

치 않는다고 했습니다. 이럴 경우,

문제 세 자녀는 유전자 진단을 받아야 할까요?

라는 점이 문제가 됩니다. 이는 사실 나라마다 다릅니다. 예를 들어서, 미국은 개인의 자유를 존중하기 때문에 당사자가 유전자 진단을 원한다면 유전자 진단을 받을 수 있습니다. 하지만 유럽은 일반적으로 유전자는 가족 전체의 것이라 여기기 때문에 한 사람이라도 반대를 할 경우 유전자 진단은 불가능하게 되어 있죠. 이번 사례에서는 유전자 진단을 받았습니다. 그 결과, 20세의 딸이 질병 유전자를 보유하고 있다는 사실이 밝혀졌습니다. 이제 알아차리셨나요? 다시 한번 가계도를 봐주세요. 45세의 나이에 세상을 뜬 할머니에게서 질병이 발병했고, 20세의 손녀 역시 그 유전자를 보유하고 있습니다. 그렇다면 44세의 어머니는 유전자 진단을 받지 않더라도 질병 유전자를 갖고 있음이 명백해지죠. 이는 **자신이 유전자 진단을 받지 않더라도 가족이 유전자 진단을 받으면 그 결과를 통해 자신의 유전자를 알게 될 가능성도 있다는 뜻입니다.**

여기서 여러분이 알아두셨으면 하는 점은 유전자 진단 정보는 사실 자신만의 것이 아니라 가족 모두의 것으로, 매우 중요한 개인정보라는 사실입니다. 이해하셨겠죠? 함부로 유전자 진단을 받아서는 안 됩니다. 유전자 진단을 받으면 이런 일도 벌어질 수 있다는 사실, 꼭 기억해두세요.

점쟁이와 다르지 않다?

인터넷에서 유전자 진단에 대해 알아보면 간단히 조사할 수 있다고 나와 있습니다. '그럼 조사해 달라고 하면 되겠네' 싶으시겠지만 알고 보면 사기나 다름없는 경우가 많습니다. 탈모 유전자 정도는 유전자 진단을 받지 않더라도 본인을 보면 알 수 있습니다. 그 외에도 조상의 뿌리나 알코올의존증 유전자를 알아낼 수 있다고도 합니다만, 잘 기억해두세요. 친자확인은 거의 100% 확률로 정확한 결과가 나오지만 치매 등 원인 유전자가 밝혀진 질환을 제외하면 그 외에는 대부분이 신용도가 떨어집니다. 이해하셨나요? 성격이나 능력에 관한 유전자는 사실 발견되지 않았습니다. 즉, 이에 대해 유전자 진단을 받는다는 말은 점집을 찾아가 점을 보는 것이나 마찬가지라는 뜻입니다. 반드시 기억해두세요. 가

슴 크기나 수명, 기억력 등, 다방면으로 조사할 수 있다고 쓰여 있는 경우가 있습니다. 하지만 이런 것들은 거의 대부분이 허위 광고이니 믿지 마세요.

유전자 진단의 발달과 과제

출생 전 진단

여기서 유전자 진단의 역사에 대해 잠시 소개해보도록 하겠습니다. 배 속의 아기가 지닌 유전자를 조사하는 출생 전 진단이라는 진단 방식이 있습니다. 물론 질병에 걸렸을 경우에 조사하는 진단법입니다만, 과거에는 배 속의 아기가 아들인지 딸인지를 조사할 때에도 사용되었죠.

1949년에 캐나다의 신경생물학자인 머레이 바가 암고양이의 세포막에서만 찾아볼 수 있는 특수한 구조물을 발견했습니다. 이 발견이 암수를 판가름하는 열쇠가 되었죠. 바가 발견했기 때문에 바소체(Barr body)라고 부릅니다. 핵을 염색하면 핵 안쪽에 덩어리처럼 보이죠.

그 후로 1955년에 성염색체인 X염색체와 Y염색체가 점차 밝혀지기 시작했습니다. 배 속의 아이에게서 나온 세포는 어머니의 양수 안을 떠다니고 있는데, 주삿바늘을 찔러 넣어서 양수를 채취해 성별을 확인했습니다. 그 이유는 사내아이만이 걸리는 반성유전병인 근이영양증 등은 성별 확인을 통해 알아낼 수 있기 때문이죠.

1960년에 접어들어 염색체 검사를 시행할 수 있게 되었고, 1968년에는 다운증후군도 판정할 수 있게 되었습니다. 배 속의 아기가 다운증후군이라면 중절하는 사람도 나타나겠죠. 이런 검사가 시행되기 시작한 겁니다.

그러자 너도나도 출생 전 진단을 받으려 했죠. 가장 먼저 모체를 고려해야겠으나 중절은 성별을 확인해보고 6개월 전이면 가능합니다. 그 기간을 넘기면 모체에도 영향을 미치기 때문에 중절은 어려워지죠. 그렇다면 중절을 할 것인지, 말 것인지는 대체 누가 정하느냐, 바로 이 점이 문제였습니다. 종교적으로 중절이 금지되어 있으니 이미 생긴 아이는 반드시 낳아야 한다는 사람과, 여성의 자주성을 존중해야 하지 않겠느냐는 사람이 있어서 문제가 벌어졌죠. 임신중절은 지금까지도 매우 어려운 문제를 안고 있다는 사실, 꼭 알아두시기 바랍니다.

발병 전 진단

가계에 어떠한 질병이 존재했을 경우, 자신에게도 그 유전자가 있는지 알아보고 싶은 사람은 유전자 진단을 받을지 결정하게 됩니다만, 조건이 제법 까다롭습니다. 이에 대해서도 꼭 기억해두세요.

'근본적인 치료법, 예방법이 없는 질병에 대해서는 **원칙적으로 권하지 않는다**.' 그렇겠죠. 안다 해도 방법이 없으니 치료법이 없을 경우에는 원칙적으로 유전자 진단을 권하지 않습니다. 하지만 그럼에도 어떻게든 유전자 진단을 받고 싶다는 사람이 나올 겁니다. 그럴 경우, 다음의 조건이 갖추어졌을 때는 실시하기도 합니다.

'①진단이 확정된 **가계의 일원**이어야 하며, 20세 이상일 것.' 20세 이상의 성인이라면 제대로 판단해 결정을 내릴 수 있겠죠. '②해당 질병이나 유전자 진단의 **의미를 충분히 이해하고 있을 것**.' '③**자주적 판단에 따른** 신청이어야 할 것.' 여기까지는 이해하셨겠죠. 그런데 ④, 여기가 중요합니다. '④만약 결과가 양성으로 나온다 하더라도 정신적·경제적으로 의지할 사람이 있을 것.' 다시 말해 질병 유전자를 보유했음이 밝혀지더라도 의지할 사람이 있어야 한다는 것이 조건입니다. 이해하셨나요? 45세에 치매에 걸리는 질병임을 알았지만 막상 45세가 되었을 때 돌봐줄 사람이 아무도 없을 경우가 있겠죠. 그럴 경우에는 유전자 진단을 받지 못하게끔 되어 있습니다. 즉, 누군가 의지가 될 사람이 있다면 유전자 진단을 받아도 좋다는 뜻이죠. 하지만 그렇다 해서 곧바로 유전자 진단을 해도 좋다는 말은 아닙니다.

실제로는 '①각기 다른 날에 최소한 **3회 의사를 확인할 것**.' 정말로 유전자 진단을 받아도 되겠습니까? 하고 각기 다른 날에 3번 물어봅니다. '②**동의서에 서명**을 받을 것.' '③결과는 **본인에게만 직접 구두로 보고할 것**.' 결과가 나왔을 때 인터넷이나 메일로 보내는 것은 절대로 금물입니다. 이런 조건들을 보시면 유전자 진단이 매우 엄밀하게 이루어짐을 알 수 있으실 겁니다.

돈을 지불하고 업체에 의뢰해 유전자 진단을 받는 것은 앞서 언급한 점쟁이 같은 경우와는 전혀 다릅니다. 정상적인 유전자 진단은 이러한 방식으로 진행됨을 이해하셨으리라 봅니다. 그러니 가볍게 '한번 알아볼까'라고 생각할 일이 아님을 기억해두세요.

O형은 유전자 이상!?

여러분의 혈액형 역시 유전자로 정해져 있습니다. 혈액형마다 다른 점은 바로 적혈구의 끝부분에 달린 당의 종류입니다(그림). 갈락토스와 푸코스만 달린 경우는 O형입니다. 그런데 A형인 사람은 갈락토스 위에 N-아세틸갈락토사민이라는 별난 녀석이 달려 있죠. B형인 사람은 갈락토스 위에 갈락토스가 추가로 달려 있습니다. 다시 말해 A형이든 B형이든 조금 다른 뭔가가 더해진 셈이죠. AB형인 사람은 이것들을 하나씩 갖고 있습니다.

그런데 이러한 당의 차이는 각각의 유전자가 아니라 실은 하나의 유전자에 기인한 결

그림 혈액형의 구조

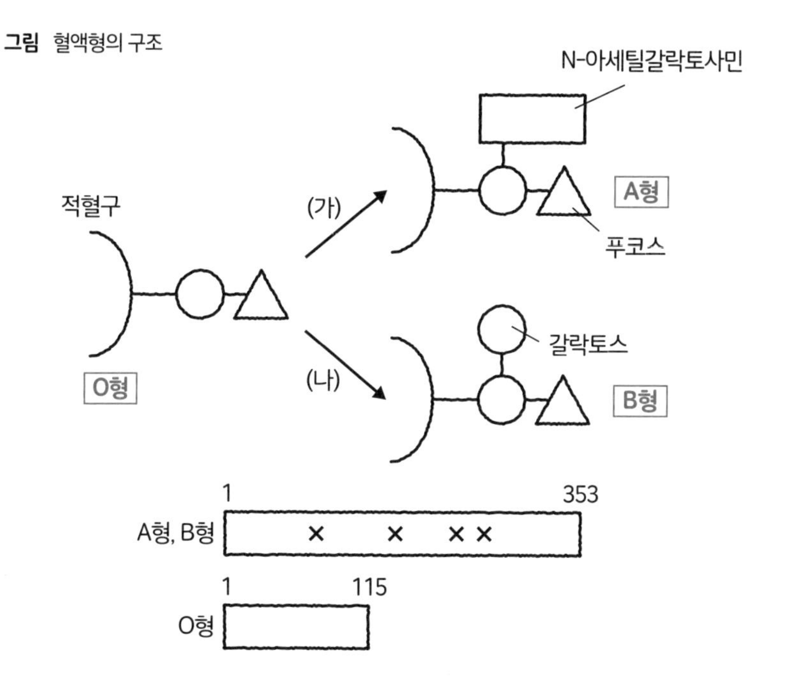

과임이 밝혀졌습니다. 갈락토스 전달효소(galactosyltransferase) 유전자에서 형성되는 효소는 353개의 아미노산으로 이루어져 있습니다. 여기서 4개의 아미노산이 다르면 한쪽에서는 (가)의 반응이 일어나고, 다른 한쪽에서는 (나)의 반응이 진행됨이 밝혀졌죠. 효소의 기질특이성이 다르다는 뜻입니다. 그런데 O형인 사람은 이 반응을 진행시키지 못합니다. 자세히 알아본 결과, O형인 사람은 115번째에서 유전자가 멈추어 있기 때문에 단백질이 절반밖에 형성되어 있지 않다는 사실이 밝혀졌습니다. 다시 말해 O형인 사람은 사실 전형적인 유전자 이상을 지닌 셈이죠. 하지만 전 세계에서는 O형이 가장 많습니다. 또한 O형인 사람들은 감염증에 가장 강할 수도 있다고 합니다만, 유전자에 이상이 있다는 사실에는 변함이 없습니다. 즉, **유전자 이상은 결코 뒤떨어졌다는 의미가 아닙니다. 다양성일 뿐이죠.** 이 사실을 꼭 알아두세요.

알고 싶지 않은 사실까지 알게 된다

그럼 유전자 진단에서 실제로 벌어진 이야기를 한번 소개하도록 하겠습니다. 존과 사라라는 커플이 있었는데, 둘은 결혼해서 아이를 낳았습니다. 그런데 그 아이가 어째서인지 머리를 제대로 가누지를 못합니다. 그래서 어쩌면 병이 아닐까 의심하게 되었죠. 두 사람 모두 유대인이었기에 유대인에게서 많이 찾아볼 수 있는 테이-삭스병(제2장 참조)라는 병이 아닐까 싶어 유전자 진단을 받았습니다. 만약 테이-삭스병이라면 심할 경우 2~4세에 죽게 되는 심각한 질병에 걸린 셈이죠.

유전자 진단 결과, 놀랍게도 아이는 존의 친자가 아니었다는 사실이 밝혀졌습니다. 유전자 진단을 통해서는 질병 여부뿐 아니라 친자확인

까지 가능합니다. 이러면 큰 문제가 발생하겠죠. 여러분이 유전자 카운슬러였다면,

문제 이 사실을 정확히 두 사람에 전달하시겠습니까? 전달하지 않으시겠습니까?

질병에 관해서만 문의를 받았으니까요, 질병에 관해서만 전달하면 그만이니 친부가 아님을 밝히지 않는 것 역시 하나의 입장입니다. 하지만 아이의 장래가 달린 일이기도 하니 역시나 제대로 전달해야 할지도 모르죠. 여러분이었다면 어떻게 하시겠습니까? 현실에서 벌어진 문제입니다.

이 사실을 알리지 않아 무슨 일이 벌어졌느냐, 아이가 자라면서 점점 얼굴이 아버지와 달라지기 시작했습니다. 그러자 자신의 아이가 아닐 수도 있겠다 싶어 가정 폭력이 발생하고, 이혼하는 사태가 벌어졌죠. 심지어 재판까지 벌어졌습니다. 병원이 고소를 당한 것이죠. 제대로 정보를 전달하지 않았다는 이유로 병원이 막대한 금액을 지불하게 된 사건이었습니다. 결과적으로는 어떻게 되었을까요? 첫 판결은 이랬습니다. 이런 일이 벌어졌을 경우에는 어머니에게만 전달하기로 한 거죠. 하지만 그래서 결과적으로 잘 풀렸는가 하면 그렇지 않았습니다. 어머니에게만 전해준다 하더라도 결국은 아버지에게까지 알려지고 맙

니다. 가정폭력이나 병원을 고소하는 사태가 벌어지면서 최종적으로는 두 사람 모두에 알려주게 되었습니다.

그렇다면 이런 일이 얼마나 자주 벌어지고 있을까요. 어느 나라에서나 자주 발생하는 일입니다. 애당초 의심스러웠기 때문에 친자확인을 하러 왔겠습니다만, 이러한 경우 일본에서는 세 쌍 중 한 쌍은 친부모가 아니었다는 사실이 밝혀진 바 있습니다.

또한 정보를 충분히 전달하지 않았다간 가족계획 등의 자기결정권에 대한 침해로 이어지게 됩니다. 다음에 생길 아이에게까지 영향을 끼치는 사항이므로 두 사람에게는 질병에 대한 사실까지 포함해 충분한 정보를 전달해야만 하죠. 조금 전과 같은 문제가 일어나지 않으려면 어떻게 해야 할까요? 유전자 검사표에서는 무조건 '좋든 싫든 가정 내의 부자, 모자 관계가 명확해지게 됩니다'라는 문구를 찾아볼 수 있습니다. '자, 그래도 유전자 진단을 받으시겠습니까?'라고 물었을 때 승낙한 사람만 유전자 진단을 받게 되는 것이죠.

수반되는 윤리적 문제

배 속의 아이가 커진 뒤에 유전자 진단을 받았을 경우에는 중절하기 이미 늦은 시기일 가능성이 있으므로, 현재는 조기에 검사를 받을 수 있게 되어 있습니다. 인간의 수정란은 1개가 2개가 되고, 4개가 된 후에 8개로 늘어납니다(인간의 발생에 대해서는 제4장 참조). 이 8세포기에서 8개 중 1개를 피펫으로 채취해 단 1개의 세포로 유전자 진단을 진행할 수 있습니다. 그리고 나머지 7/8을 어머니의 배 속에 돌려놓으면 정상적으로 아이가 생겨나게 되죠. 이는 성게와 마찬가지입니다. 성게와 인간 모두 8세포기에 1개의 세포가 탈락하더라도 완전한 개체를 형성해낼 수 있는 능력을 갖추고 있음이 밝혀졌습니다.

그런데 질병은 그렇다 쳐도, 만약 나쁜 과학자가 이 1개의 세포를 이용해 머리가 좋은 유전자나 키가 커지는 유전자를 찾아내서 배아를 조작한다면 어떻게 될까요? 아이를 원하는 대로 제작할 수도 있다는 뜻입니다. '맞춤아기'라고 합니다만, 이러한 일이 벌어질 가능성도 제기되어 현재 이 진단법은 대단히 심각한 질병일 경우에만 실시하게 되어 있습니다. 맞춤아기는 제작하지 못하게 된 것이죠.

이처럼 과학이 발전하면 다양한 일들이 발생하게 됩니다. 따라서 규칙 등을 똑바로 정해두어야만 하죠.

이집트 왕조의 역사

그럼 지금까지 소개한 DNA 감정을 이용해 이런 것까지 가능하다는 이야기를 들려드리겠습니다.

이집트 역사에 대해서는 잘 모르실 것 같아 잠깐 소개해드리겠습니다. 기원전 3000년(지금으로부터 약 5000년 전)에 이집트 최초의 왕이 등장했습니다. 그리고 스핑크스로 유명한 카프라 왕의 피라미드가 지어진 시대는 대략 기원전 2500년입니다. 장제전*으로 유명한 하트셉수트 여왕은 대략 기원전 1500년의 인물로, 이로부터 약 100년 후에 투탕카멘이라는 왕이 등장했죠. 투탕카멘의 황금 마스크는 들어보셨을 겁니다. 이 투탕카멘에 관한 이야기를 소개해드리려 합니다. 조금 더 시간이 흘러서는 람세스 2세가 아부심벨 신전을 지었죠. 세계 3대 미녀 중 하나인 클레오파트라가 등장하기 1000년 이상 이전의 이야기입니다.

가장 값비싼 보물

세계의 3대 보물로는 밀로의 비너스, 투탕카멘의 황금 마스크, 모나리자가 꼽힙니다. 만약 여기에 값을 매긴다면 어떤 보물이 가장 비쌀지 맞혀보시겠습니까? 이런 일은 절대로 일어날 리 없겠지만 가장 비싼 보물은 투탕카멘의 황금 마스크라고 합니다. 그만큼 소중한 보물에 관한 이야기를 소개해드리겠습니다.

이 이야기는 하트셉수트 여왕이나 투탕카멘이 살았던 이집트 제18왕조의 이야기입니다. 이집트 제18왕조는 나중에 설명하겠습니다만, 전반부는 그림5의 가계도로 나타낼 수 있습니다. 나중에 등장할 아멘

* 葬祭殿: 고대 이집트에서 국왕의 영혼을 기려 제사를 올리던 곳.-옮긴이

호테프 3세는 가계도의 맨 아래쪽에 있죠. 보시면 알 수 있듯이, 투트모세 1세라는 왕에게 정비(正妃)가 있었고, 그 두 사람 사이에서는 앞서 잠깐 등장한 하트셉수트 여왕이 태어났습니다. 하지만 이 여왕처럼 정비에게서 태어난 왕은 드물었고, 남자 왕들은 대부분 제2왕비나 측실에게서 태어났죠.

이 왕들은 표정을 정확히 알아볼 수 있을 정도의 미라가 남아 있는

그림5 이집트 제18왕조(전반부)

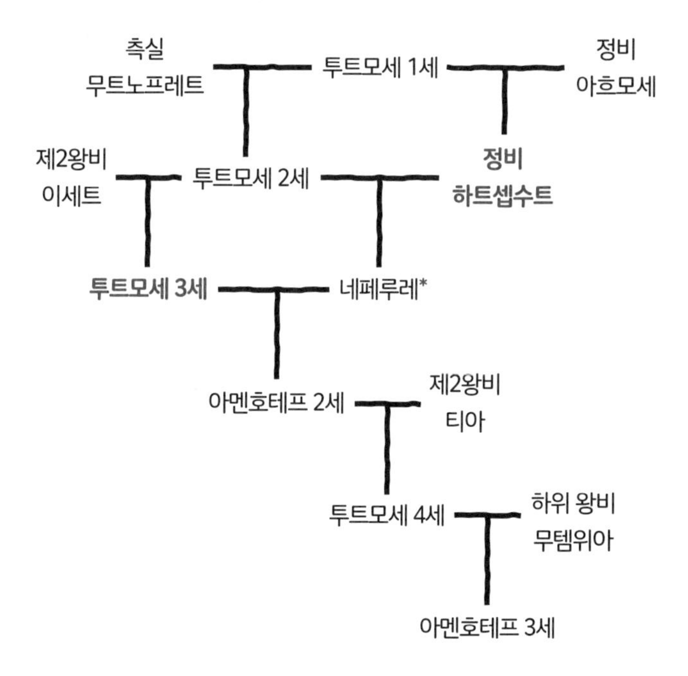

* 이 부분은 저자의 오류로 보인다. 아멘호테프 2세의 어머니는 메리트레-하트셉수트다. 네페루레는 투트모세 2세와 하트셉수트의 딸로, 어린 나이에 요절했다고 한다.-옮긴이

데, 투트모세 2세와 투트모세 3세는 부자지간인 만큼 얼굴이 닮았습니다. 얼굴이 닮았다는 사실까지 알아낼 수 있을 만큼 미라가 잘 보존되어 있었다는 뜻이죠. 이 미라에서 뼈를 깎아내 DNA를 감정한 결과를 소개해드리겠습니다.

투탕카멘의 시대

투탕카멘이 어떤 왕이었는지 소개해보겠습니다. 기원전 1390년경, 위대한 파라오 아멘호테프 3세는 강대한 권력을 지닌 왕비 티이와 함께 37년 동안 이집트를 다스렸습니다. 이때가 안정된 시기였다면 제2막은 반역의 시기였죠. 이때부터 재미있어집니다. 아멘호테프 3세가 죽은 후, 왕위를 물려받은 인물은 차남인 아멘호테프 4세였습니다만, 기묘한 몽상가였던 아멘호테프 4세는 아멘 신 등 국가 신전에 모셔진 신들에 대한 신앙을 버리더니 석양을 나타낸 태양신 아톤을 유일신으로 숭배하기 시작했습니다. 왕위에 오른 후 5년째에는 '아톤을 섬기는 자'라는 의미에서 아크나톤으로 이름을 바꾸었죠. 그리고 아크나톤이 벌인 또 다른 일로는 종교의 중심지였던 테베를 버리고 아마르나라는 곳으로 도읍을 옮긴 사실이 있습니다.

지금부터가 흥미로운 대목입니다. 아크나톤 시대의 말기에는 나라에 혼란이 찾아와 수수께끼로 감싸인 공백의 시기가 있는데, 극히 짧은 기간 동안 1명 혹은 2명이 공동 통치자 혹은 아크나톤의 후계자, 아니면 둘 모두를 겸해 나라를 다스렸던 듯합니다. 많은 이집트 학자와 마찬가지로 저 역시 이 왕들 중 하나는 왕비 네페르티티였으리라 생각합니다. 3대 미녀 중 하나로 꼽히는 네페르티티에 대해서는 나중에 다시 소개하도록 하겠습니다. 나머지 한 명의 왕은 스멘크카레라 불리는 수수께끼의 인물입니다만, 그의 출생 성분에 관해서는 밝혀진 바가 없습니다. 확실한 사실은 제3막이 막을 올렸을 당시에는 9세의 소년이 왕위를 물려받은 뒤였다는 것이죠. 그의 이름은 아톤 신을 꼭 빼닮았다는 의미인 투탕카톤이었습니다만, 왕위를 물려받고 채 2년도 되기 전에 왕비인 안케센파텐(아크나톤와 네페르티티의 딸입니다)을 왕비로 삼고는 아마르나를 버리고 다시 도읍을 테베

그림 이집트 제18왕조의 변천사

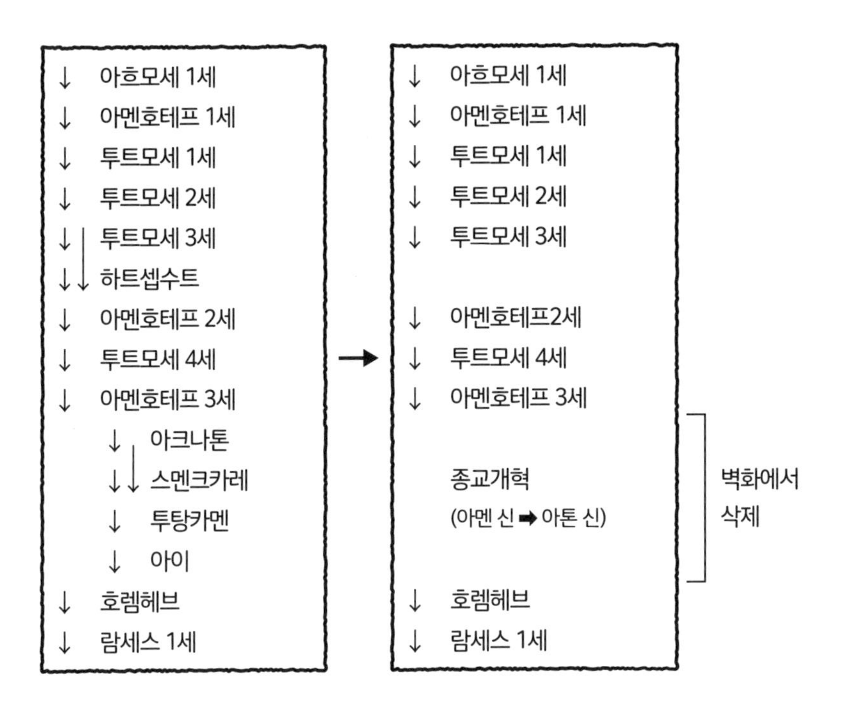

로 되돌렸다는 이야기가 있습니다. 그리고 두 사람은 각자의 이름을 투탕카멘과 안케세나멘으로 바꾸었습니다. 어째서 이러한 이름으로 바꾸었느냐, 바로 이전에 믿던 아멘 신의 이름으로 바꾼 것이죠. 이렇게 투탕카멘은 아멘 신에 대한 신앙을 온 이집트에 드러냈습니다. 즉, 개혁은 도중에 막을 내리고 다시 원래대로 돌아간 셈이죠.

그림은 이집트 제18왕조의 변천사입니다만 중간, 그러니까 아크나톤에서 투탕카멘에 이르기까지가 전부 지워져 있었습니다. 누가 이걸 지웠느냐, 이후 왕위에 오른 호렘헤브라고 합니다. 이유는 종교개혁 때문이었다는군요. 아톤이라는 신을 믿었던 아크나톤의 이야기를 모조리 지워버리면서 오래된 아멘 신을 믿었던 시대와 그 후 다시 아멘 신으로 되돌아간 시대를 제외한 그 사이의 내용들은 벽화에서 모두 사라졌습니다. 그래서 이런 왕이 있었다는 사실은 20세기까지 알려지지 않았죠.

정체를 알 수 없는 미라들

그림6은 이집트 왕가의 묘로 일컬어지는 곳으로, 왕가의 묘를 영어로 하면 Valley of the Kings이기에 여기서 K와 V를 따와 KV 어쩌구 하는 번호가 붙게 되었습니다. 왕가의 묘는 아주 많은데, 투탕카멘의 묘가 중앙 부근에서 발견되었습니다. 그런데 이후에 등장할 KV35에서 발견된 뼈나 KV55에서 발견된 뼈가 나중에 이야기의 주역으로 자리를 잡게 되었죠. KV21도 흥미롭습니다. 또 하나, 유야와 투야 부부에 관한 이야기도 나중에 소개하겠습니다.

그럼 투탕카멘의 어머니가 DNA 감정을 통해 밝혀진 이야기를 먼저 소개해볼까 합니다. 이 이야기의 주역은 KV35라는 묘에서 발견된 두 사람입니다. 한 사람은 지긋한 나이의 여성이었기에 Elder Lady로 불리는데, KV35에서 발견되었기 때문에 KV35EL이라는 이름이 붙었습니다. 나머지 하나는 젊은 여성으로, Young Lady로 불리기 때문에 KV35YL이라는 이름이 붙었죠. 한쪽은 한 손을 가슴에 얹어놓은 형태로 매장되어 있었습니다.

먼저 아멘호테프 3세에 대해 소개하겠습니다. 아멘호테프 3세는 투탕카멘의 할아버지로 알려져 있습니다.

아멘호테프 3세와 왕비 티이가 37년 동안 이집트에 대단히 안정된 시대를 불러들였음은 앞서 언급했습니다(→칼럼 참조). 아멘호테프 3세

그림6 이집트 왕가의 묘

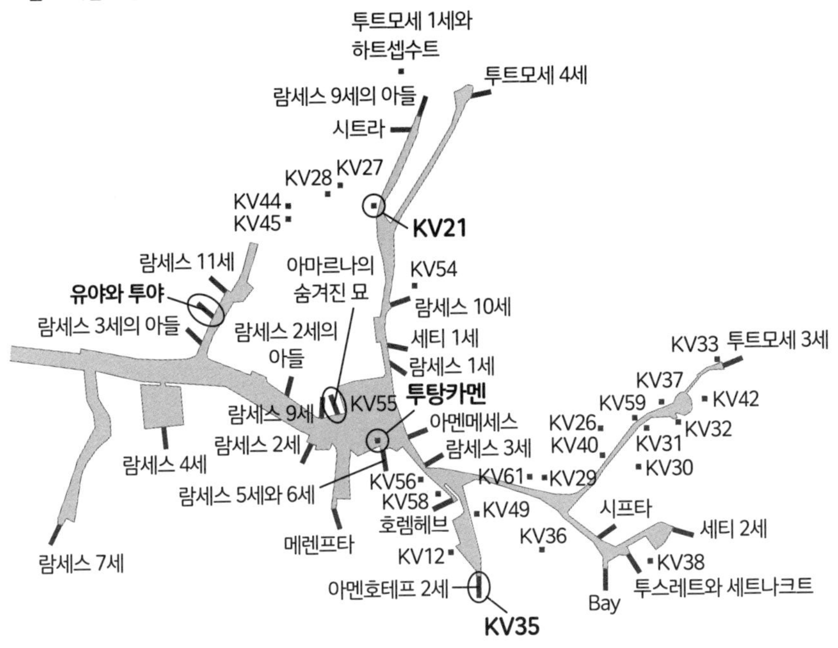

는 대략 10세 무렵에 왕위에 올랐다고 합니다. 아멘호테프 3세는 10세 무렵에 티이와 결혼했는데, 티이의 아버지와 어머니는 유야와 투야입니다. 당시 이집트 왕의 제1왕비는 사실 여자 형제에서 고르는 경우가 일반적이었습니다만, 아멘호테프 3세는 밖에서 신붓감을 데려온 셈이죠. 왕이 어린아이였으니 당시 유야와 투야는 권세가 있는 관료였으리라 생각됩니다만, 그런 사람의 딸을 정식 신붓감으로 삼았던 겁니다. 보통 아내는 한 발 물러난 모습으로 석상에 새겨지지만 티이는 대단한 인물이었는지 항상 왕과 나란히 새겨져 있죠. 금슬 역시 좋았다고 합니다.

사실은 유야와 투야의 미라 역시 남아 있습니다. 그래서 앞서 말했듯이 친자확인을 시도했죠. 유야와 투야의 자식, 즉 티이가 어느 미라인지는 알 수 없었습니다만, 미세부수체를 분석해 조금 전에 말했듯이 반복되는 부분을 검사해보았습니다. 13번째 염색체에 있는 지역인 D13S317이라는 유전자를 조사해보니 유야는 11과 13이라는 다형을 보유하고 있었습니다(그림7). 투야는 9와 12를 갖고 있었죠. 그러면 그 자녀는 하나씩 가지고 있겠죠? 조사해본 결과, KV35EL이 11과 12를 갖고 있었음이 밝혀지면서 유야와 투야로부터 유전자를 하나씩 물려받았다는 사실이 드러났습니다. 하지만 우연일 수도 있겠죠? 그래서 유전자의 다른 부분을 조사해보기로 했고, 제7염색체의 D7S820과 제2염색체의 D2S1338을 조사했습니다. 그 결과가 바로 그림7에 나와 있습니다. 앞서 언급된 미세부수체는 2문자의 반복이었습니다만, D13S317는 4문자가 반복되는 부분이었죠. 이 반복 횟수가 바로 앞서 언급된 숫자입니다. D7S820과 D2S1338 역시 각자 4문자가 반복되고 있었으므로 그 횟수를 조사해보기로 했습니다. 이를테면 11, 12란 한쪽 염색체가 11회 반복되며 나머지 한쪽은 12회 반복된다는 뜻입니다.

자, 먼저 조사했던 D13S317은 우연히 그런 결과가 나왔는지도 모르지만 다른 부분은 어땠을까요. D7S820의 경우 KV35EL은 10, 15였습니다. 확실히 유야와 투야로부터 하나씩 물려받았습니다. D2S1338은

그림7 KV35EL의 친자 확인 첫 번째

	D13S317	D7S820	D2S1338
유야	11, 13	6, 15	22, 27
투야	9, 12	10, 13	19, 26
KV35EL	11, 12	10, 15	22, 26

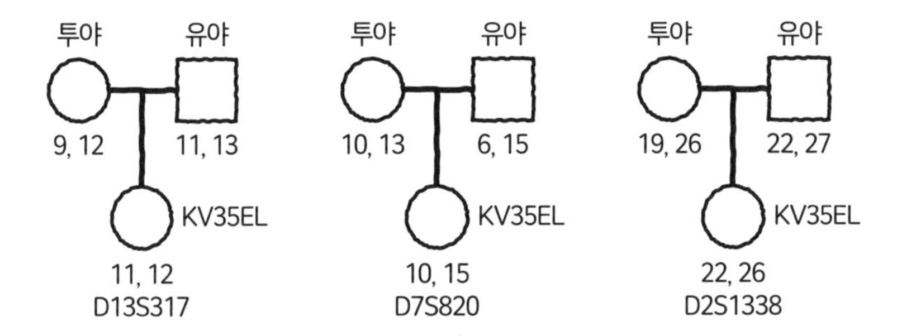

Hawass Z, et al:JAMA, 303:638-647, 2010을 토대로 작성

표1 KV35EL의 친자 확인 두 번째

	D13S317	D7S820	D2S1338	D21S11	D16S539	D18S51	CSF1PO	FGA
유야	11, 13	6, 15	22, 27	29, 34	6, 10	12, 22	9, 12	20, 25
투야	9, 12	10, 13	19, 26	26, 35	11, 13	8, 19	7, 12	24, 26
KV35EL	11, 12	10, 15	22, 26	26, 29	6, 11	19, 12	9, 12	20, 26

Hawass Z, et al:JAMA, 303:638-647, 2010을 토대로 작성

22과 26으로, 이 또한 유야와 투야로부터 물려받은 것이죠. 다시 말해 세 부분을 조사한 모든 결과가 KV35EL은 유야와 투야의 자녀임을 가리키고 있었습니다.

여기서 표1을 보면 모두 8곳을 조사했음을 알 수 있는데, 8곳 모두 KV35EL은 티이임을 가리키고 있습니다. 즉, 신원이 밝혀지지 않았던 미라가 알고 보니 유야와 투야의 자식이었다는 사실이 밝혀진 것이죠. 사실은 예전부터 이집트의 왕과 왕녀는 매장할 때 왕비는 한쪽 손을, 왕은 두 손을 교차시켜 매장한다는 사실이 알려져 있습니다. 이 KV35EL 역시 실은 한 손을 가슴에 얹은 채 매장되어 있었죠. 이 여성은 역시나 티이가 맞았던 것입니다. 유전자 연구란 이처럼 실제 역사와 대조해보더라도 명확하게 설명할 수 있는 멋진 연구랍니다.

수수께끼에 싸인 투탕카멘

재미있는 부분은 이제부터입니다. 지금까지는 이해하셨죠? 유야와 투야의 자식이 티이이며, 티이와 아멘호테프 3세의 아이가 아크나톤입니다(그림8). 아크나톤은 차남이죠. 어째서 차남이 뒤를 이었는가, 투트모세라는 장남이 있기는 했지만 일찍 세상을 떴고 나머지는 딸뿐이었기 때문입니다. 아크나톤은 절세의 미녀인 네페르티티와 결혼한 것으로 알려져 있는데, 네페르티티의 조각상은 지금까지도 남아 있습

그림8 이집트 제18왕조(후반부)

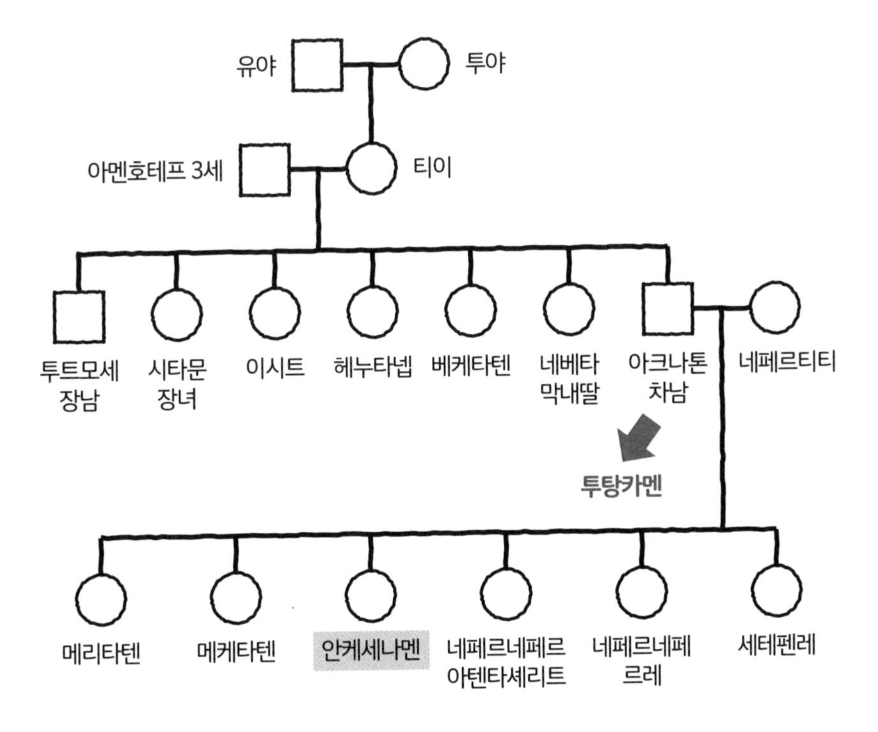

니다. 이 두 사람의 사이에는 아이가 여섯 있었지만 여섯 모두 딸이었습니다. 아크나톤의 뒤를 이은 왕은 투탕카멘이었지만 투탕카멘은 가계도의 어디에서도 찾아볼 수 없군요. 어떻게 보십니까? 어디서 굴러먹다 온지도 모르는 말 뼈다귀가 왕이 된 걸까요? 아니겠죠. 아크나톤은 심지어 자신의 딸들을 왕비로 삼게 했습니다. 자신의 딸들을 왕비로 삼게 했다면 다시 말해 투탕카멘이 아크나톤과 매우 가까운, 즉 아크나톤의 아들임을 추측해볼 수 있습니다. 투탕카멘은 안케세나멘과 언제나 함께하는 금슬 좋은 부부였다고 합니다.

투탕카멘의 어머니는 누구인가

그래서 투탕카멘의 어머니는 누구인지 DNA 감정을 통해 알아보았습니다. 미세부수체 다형이 기록된 표2를 보고 친자확인을 진행해보려 합니다. 우선 좌측 상단의 유야와 투야를 봐주세요. 이 유야와 투야의 자녀가 KV35EL로, 다시 말해 티이였습니다. 여기까지는 이야기했었죠. 여기서는 8곳에서 모두 친자관계가 성립했습니다. 따라서 유야와 투야의 자녀가 티이이며 티이와 아멘호테프 3세의 자녀가 아크나톤이라면,

문제 아크나톤의 뼈는 어느 것일까요?

라는 문제의 답을 찾아보도록 하죠. 티이와 아멘호테프 3세로부터 하나씩 물려받은 사람이 아크나톤입니다만, 누구인지 아시겠습니까? 보면 바로 알 수 있으시겠죠. KV55에서 발견된 남성의 뼈가 바로 아크나톤입니다. 한번 보시죠. 아크나톤은 10과 12를 갖고 있군요. 10과 12를 1개씩, 그리고 15와 15…… 이런 식으로 전부 티이와 아멘호테프 3세로부터 하나씩 물려받았음을 알 수 있습니다. 즉, 아크나톤의 유

표2 KV35EL의 친자 확인 그 세 번째

	D13S317	D7S820	D2S1338	D21S11	D16S539	D18S51	CSF1PO	FGA
유야	11, 13	6, 15	22, 27	29, 34	6, 10	12, 22	9, 12	20, 25
투야	9, 12	10, 13	19, 26	26, 35	11, 13	8, 19	7, 12	24, 26
KV35EL	11, 12	10, 15	22, 26	26, 29	6, 11	19, 12	9, 12	20, 26
아멘호테프 3세	10, 16	6, 15	16, 27	25, 34	8, 13	16, 22	6, 9	23, 31
KV55	10, 12	15, 15	16, 26	29, 34	11, 13	16, 19	9, 12	20, 23
KV35YL	10, 12	6, 10	16, 26	25, 29	8, 11	16, 19	6, 12	20, 23
투탕카멘	10, 12	10, 15	16, 26	29, 34	8, 13	19, 19	6, 12	23, 23
KV21A	10, 16	-, -	-, 26	-, 35	8, -	10, -	-, 12	23, -

-은 검출되지 않은 미세부수체. Hawass Z, et al:JAMA, 303:638-647, 2010을 토대로 작성.

전자 역시 명확하게 밝혀진 셈이죠.

자, 이 아크나톤과 네페르티티의 딸이 안케세나멘으로, 바로 투탕카멘의 아내입니다. 그런데 네페르티티는 뼈가 발견되지 않아 현재 가장 화제에 올라 있죠. 네페르티티는 어디에 묻혔는지 밝혀지지 않았습니다.

투탕카멘의 묘에 숨겨진 방

사실 투탕카멘의 묘 근처 어딘가에는 숨겨진 방이 있는데, 그곳에 네페르티티가 묻혀 있을지도 모른다는 말이 예전부터 있었습니다. 현재는 피라미드를 투시해 방이 정말로 있는지 찾아볼 수 있는 시대가 되었죠. 이곳에서 네페르티티가 발견되면 좋겠지만 어찌 될지는 아무도 모를 일입니다. 기대해봅시다.

조금 전에 언급했듯이 투탕카멘은 아크나톤의 뒤를 이어받으며 안케세나멘과 결혼했습니다. 그렇다면 투탕카멘은 아크나톤이 네페르티티가 아닌 다른 여성과의 사이에서 낳은 아이임을 추측해볼 수 있죠. 그렇지 않겠습니까? 왕의 뒤를 이어받았다면 왕의 자식일 가능성이 높고, 정실부인과의 아이를 왕비로 맞이하게 했으니 투탕카멘에게는 다른 어머니가 따로 있었을지도 모릅니다. 지금까지 아크나톤의 유전자를 밝혀냈습니다. 투탕카멘의 유전자도 밝혀졌죠. 그렇다면 투탕카멘의 어머니의 유전자 역시 추측해볼 수 있지 않을까요. 한번 살펴봅시다.

문제 투탕카멘의 어머니는 누구일까요?

표의 수치를 보시면 아크나톤과 어머니로부터 유전자를 물려받은 인물이 투탕카멘입니다. 투탕카멘은 D7S820에서 10, 15를 갖고 있습니다. 여기서 15는 아버지로부터 물려받았으니 어머니에게서는 10을 받았겠죠. 10을 가진 여성을 찾아보면 KV35YL이 어머니일 가능성이 높음을 알 수 있습니다. 어디를 보더라도 그렇죠. 이를 통해 KV35YL이 투탕카멘의 생모일지도 모른다고 추측해볼 수 있습니다. 지금까지는 전혀 알아낼 수 없었던 사실이 DNA 감정을 통해 이렇게까지 밝혀졌죠. 여러분, 이야기는 여기서 끝나지 않습니다. 다시 한번 표2를 자세히 살펴봐주세요.

문제 투탕카멘의 어머니인 KV35YL의 유전자에는 뭔가 특징이 있지 않습니까?

10, 12에서 시작해서 6, 10이라든지, 8, 11이라든지, 6, 12 같은 부분

그림9 투탕카멘의 가계도

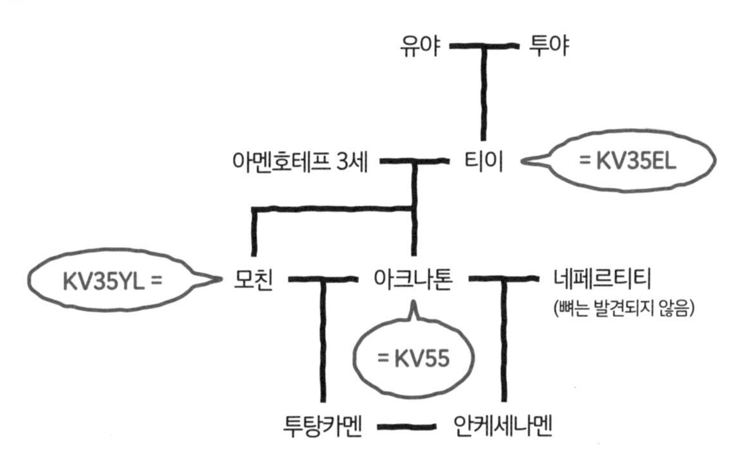

Hawass Z, et al:JAMA, 303:638-647, 2010을 토대로 작성

말입니다. 찾아내셨나요? 이 KV35YL은 알고 보니 티이와 아멘호테프 3세의 자식임이 밝혀졌습니다. 가계도를 그려보면 그림9가 되겠죠. 투탕카멘의 어머니는 사실 티이와 아멘호테프 3세의 아이인 것입니다. 투탕카멘의 어머니는 아크나톤과 남매지간이라는 뜻이죠. 즉, 투탕카멘은 남매가 결혼해서 생겨난 아이입니다. 아크나톤의 정식 왕비는 네페르티티지만 두 번째인지 세 번째 왕비인지 모를 투탕카멘의 어머니는 사실 아크나톤과 남매지간인 것이죠. 투탕카멘은 남매 결혼을 통해 태어난 아이였음이 밝혀진 것입니다. 굉장하죠. 어머니가 아크나톤의 여자 형제라니. 그림8을 보시면 아크나톤의 여자 형제들은 모두 5명입니다.

문제 5명 중 누구일까요?

나이로 보아 막내인 네베타 아니면 베케타텐일 가능성이 있다지만, 어느 문헌에 따르면 네베타는 이미 죽은 뒤였을지도 모른다고 합니다. 그렇다면 베케타텐을 앞서 언급된 KV35YL, 즉 투탕카멘의 어머니로 추측해볼 수 있습니다. 하지만 모르는 일이겠죠? 베케타텐일지도 모르고, 네베타가 맞을지도 모릅니다. 사실 DNA 감정으로는 알아볼 방도가 없습니다. 형제가 있는 남성, 자매가 있는 여성은 뼈만으로는 어느 쪽인지 알아낼 수가 없으니까요. 1000년이나 지나서 뼈가 발견된 경우는 자손이 없는 한 어느 쪽인지 알 수 없습니다. DNA 감정에는 이러한 한계가 있음을 기억해두셨으면 합니다.

투탕카멘의 저주

투탕카멘이 유명해진 계기는 투탕카멘의 저주 때문입니다. 투탕카멘과 관련된 사람이 차례차례 죽음을 맞이했던 것이죠. 처음에 투탕카멘의 묘에 들어간 카너번 경은 그로부터 6주 후에 갑자기 세상을 떴다는 사실이 알려진 바 있습니다.

이러한 학문을 두고 분자 이집트학이라고 합니다. 그런데 여기에 반론을 제기하는 사람들이 아주 많습니다. 3000년 전인데, 그렇게 오래된 DNA가 고온다습한 조건 속에서 남아 있을 리 없다는 것이죠. 처음에 카너번 경이 무덤에 들어갔을 때는 무척이나 축축했다는 보고가 남아 있습니다. DNA가 그런 곳에서 수천 년이나 남아 있을 리 없다는 말입니다. 사실 남아 있는 DNA에는 무덤을 팠던 사람들의 DNA가 섞여 있을지도 모른다는 이야기가 이전부터 나돌았죠. 한번 조사해보고 싶네요. 하지만 이 유골은 이집트를 벗어나지 못합니다. 조사해볼 방법이 없다는 점이 문제겠군요.

또 하나의 문제로, DNA 감정은 모두 PCR로 진행됩니다. 여러분, PCR에 대해 들어보셨나요? PCR을 통해 소량의 유전자를 증폭시킵니다. 증폭시키다보면 연구자나 무덤을 팠던 사람의 DNA가 섞여 오류가 발생할 가능성이 충분히 생겨나죠. 실제로 배열을 본 것이 아니므로 수상하게 여기는 사람도 아주 많습니다.

하지만 옳다고 주장하는 사람도 제법 있습니다. 조사한 연구자들은 대부분이 남성이고, 무덤을 팠던 사람들 역시 대부분이 남성으로, 행여 무덤을 팠던 사람의 DNA가 섞이거나 연구자의 DNA가 섞였다면 그곳에서는 Y염색체가 발견되어야 합니다. 그런데 여성의 미라에서 Y염색체는 거의 발견되지 않았죠. 그렇다면 역시 무덤을 팠던 사람의 유전자는 섞여 있지 않았을지도 모릅니다.

그 외에도 많은 문제가 있습니다. 만약 파라오의 정체가 밝혀진다면 필히 그와 비슷한 유전자를 지닌 사람이 나타나 자신이 그 자손이라고 주장하는 경우가 벌어질 겁니다. 그런 일이 벌어졌다간 곤란하니 정확한 데이터는 공개하지 않고 있죠. 이렇게 갑론을박이 오가는 상황이 흥미롭기는 합니다만, 정말로 누구일지는 궁금하네요.

투탕카멘은 무슨 혈액형인지 알고 계신가요? A형입니다. 저도 A형이죠. 그럼 저도 투탕카멘의 자손이라 주장해도 될까요? 이집트에서는 이런 사람들이 틀림없이 나올 겁니다. 이처럼 DNA 감정에는 꽤나 복잡한 문제가 포함되어 있다는 사실을 이해하셨으리라 봅니다. 지금까지 DNA 연구를 통해 역사 속 숨은 진실까지 밝혀낼 수 있다는 이야기를 소개해드렸습니다.

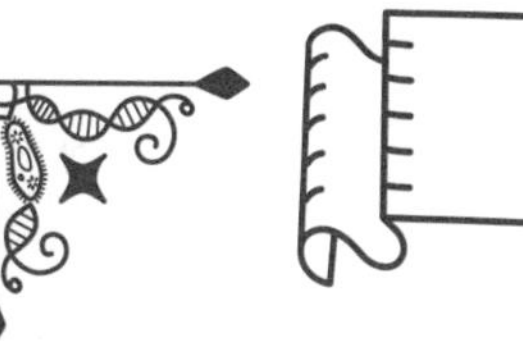

정리

- 유전자가 작용할 때에는 DNA로부터 전사된 mRNA가 형성되며, 여기서 번역을 거쳐 단백질이 형성됩니다.
- 미세부수체라 해서, DNA가 중복된 부분의 중복수를 조사해 DNA를 감정할 수 있습니다.
- 유전자 진단 기술은 꾸준히 발전하고 있지만 윤리적인 과제도 뒤따르고 있습니다.
- DNA 감정으로 베일에 싸여 있던 투탕카멘의 출생이 밝혀졌습니다.

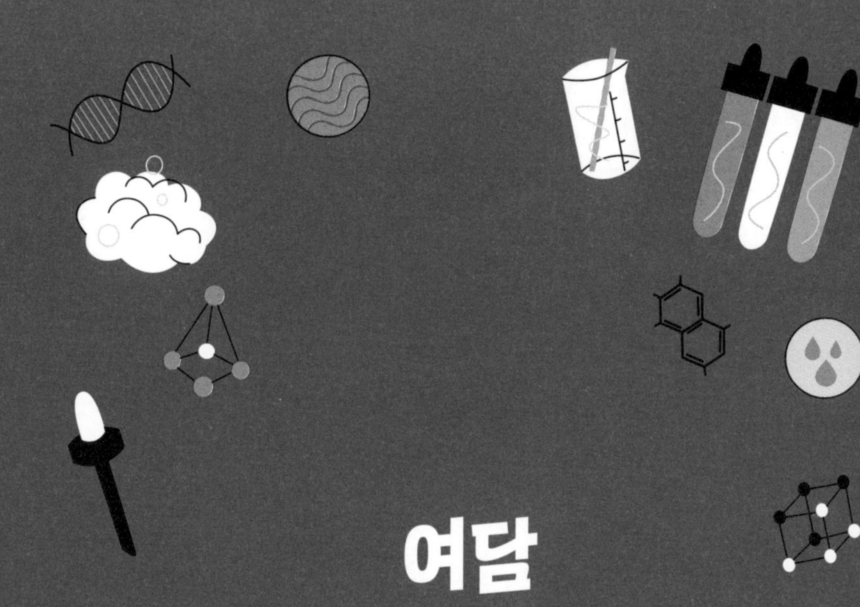

여담
데이터를 해석할 때 주의할 점

데이터에 속지 마라

생명과학에 대해 좀 더 소상히 알고 싶다면 다양한 데이터를 살펴봐야 합니다. 하지만 데이터의 종류는 실로 다양하며 개중에는 수상쩍은 데이터도 있으니 주의하세요. 이번에는 생명과학뿐 아니라 과학 전반을 아우르는 데이터까지 포함해 잠깐 짚고 넘어가는 시간을 가져보겠습니다.

결과가 이상한데?

그림1A는 대학생을 키로 나누어 히스토그램을 작성한 것입니다. 키가 큰 사람부터 키가 작은 사람까지 히스토그램을 만들어보니 산이 두 개 생겼습니다.

문제 어째서 산이 두 개 생겼을까요?

키와 같은 생물학적 데이터의 확률은 반드시 산이 하나인 정규분포(그림1B)로 나타나야 합니다. 하지만 A를 보면 산이 두 개죠. 이상하다 생각하신 분은 안 계신가요? 어떤 데이터를 해석하든 간에 '이게 정확할까?'라는 회의적인 시각이 필요합니다. 결론은 이러합니다. 남학생, 혹은 여학생만을 대상으로 했을 경우는 깔끔하게 산이 하나 생겨

그림1 대학생 키의 히스토그램

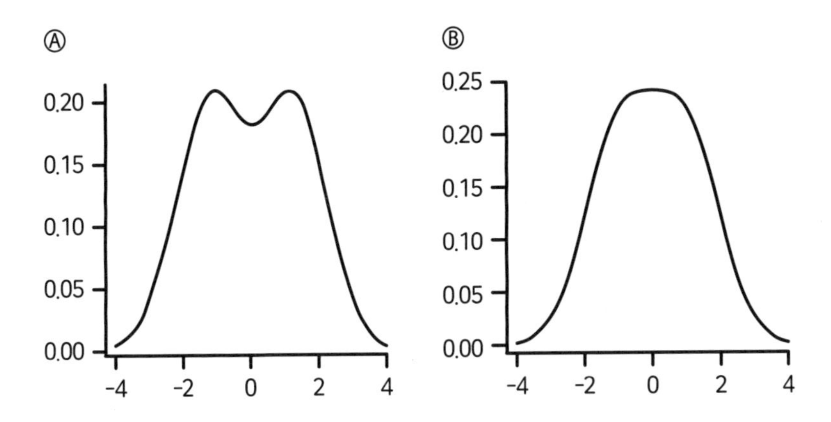

납니다. 조금 전의 결과는 남녀가 섞여 있기 때문이죠. 이러한 사실을 바로 읽어낼 수 있느냐, 없느냐, 이 점이 중요합니다.

사실 이건 수학과 관련된 이야기입니다만, 정규분포 두 개를 섞으면 산이 가로로 늘어나며 두 평균이 표준편차의 2배 이상 벌어져 있으면 두 개의 산으로 나타납니다. 이렇게까지 공부할 필요는 없겠지만 남녀가 섞여 있기 때문에 두 산이 생겼음을 곧바로 알아차렸느냐, 그렇지 못했느냐가 포인트겠죠.

숫자의 마술

이런 이야기가 있습니다. 서로 이웃한 A마을과 B마을이 있습니다(그림2). 두 마을 사이에는 산이 있는데, A마을의 산 북쪽과 남쪽, 그리고 B

그림2 A마을과 B마을의 비교

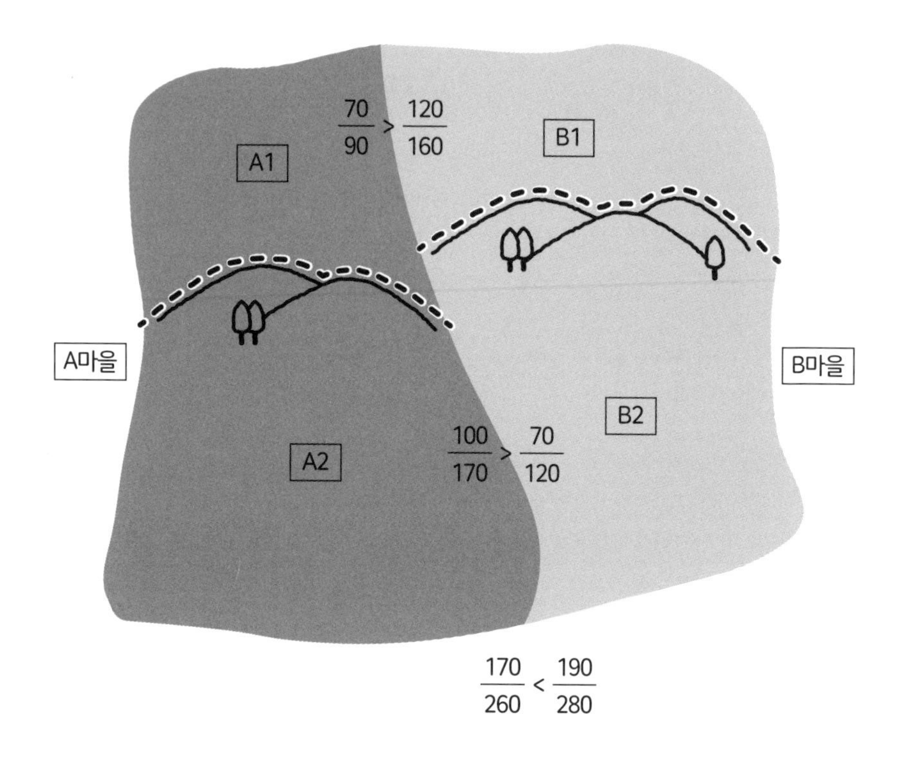

마을 산의 북쪽과 남쪽으로 나누어서 영양제를 섭취하고 있는 사람을 조사했죠.

A의 북쪽인 A1지역에서는 영양제를 섭취하는 사람이 90명 중 70명이었고, B의 북쪽인 B1지역에서는 160명 중 120명이었습니다. 그럼 남쪽은 어땠느냐, A2지역에서는 170명 중 100명이, B2지역에서는 120명 중 70명이 섭취하고 있다는 사실이 밝혀졌습니다. 그럼 문제입니다.

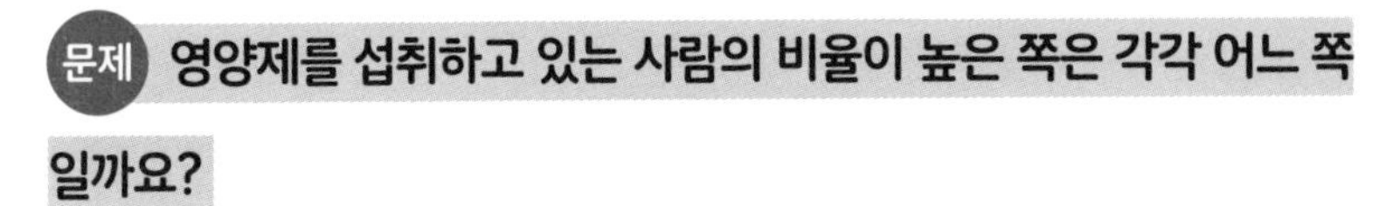

문제 영양제를 섭취하고 있는 사람의 비율이 높은 쪽은 각각 어느 쪽 일까요?

① A1지역과 B1지역 중에서

② A2지역과 B2지역 중에서

③ A마을과 B마을 중에서

이렇게 질문한다면 간단한 분수 계산으로 답을 구할 수 있겠습니다. ①의 북쪽 지역을 비교한다면 7/9와 12/16이니 A마을 쪽이 더 높습니다. ②의 남쪽 지역 역시 10/17과 7/12로 A마을 쪽이 더 높죠. 둘 다 A마을이 높으니 ③ 역시 마찬가지이겠거니 싶어서 계산해보면 17/26과 19/28로 B마을 쪽이 더 높아지면서 각각의 결과가 역전되고 맙니다. 그야말로 숫자의 마술이죠. 북쪽만 놓고 비교하면 A마을 쪽이 더 높고 남쪽만을 비교하더라도 A마을 쪽이 더 높은데, 전체를 비교해보면 B마을 쪽이 더 높아집니다. 이런 일이 벌어질 수도 있다는 말입니다.

이 결과를 교묘하게 이용해 사기를 칠 수도 있어 보이는군요. 이를테면 A마을이 더 높다고 주장하고 싶을 때는 ①이나 ②의 비교 데이터를 사용하고, B마을이 더 높다고 주장하고 싶을 때는 ③을 사용하는 식으로 말이죠. 속아 넘어가지 않게 조심하세요.

묶는 방식에 따라 결과는 정반대

그림3은 과거 일본의 대학입시에서 실시되었던 센터시험의 점수와 2차 시험 점수의 상관도입니다. 제법 상관이 있어 보이는군요(A). 이건 유명한 예시인데요, 센터시험에서 높은 점수를 딴 사람은 2차 시험에서도 높은 점수를 딴다는 사실을 알 수 있습니다. 하지만 성적 우수자만 따로 묶어놓으면 상관관계는 뒤집히고 말죠(B). 상관관계가 뒤집힌다는 말은 센터시험 점수가 좋으면 2차 시험의 점수는 나쁘다는 뜻입니다. 이처럼 어떻게 묶느냐에 따라서 상관관계가 뒤바뀌는 경우도 있습니다. 유감이지만 이런 데이터를 사용해서 누군가를 속이는 일이 다양한 곳에서 벌어지고 있죠.

그림3 센터시험 점수와 2차 시험 점수의 상관도

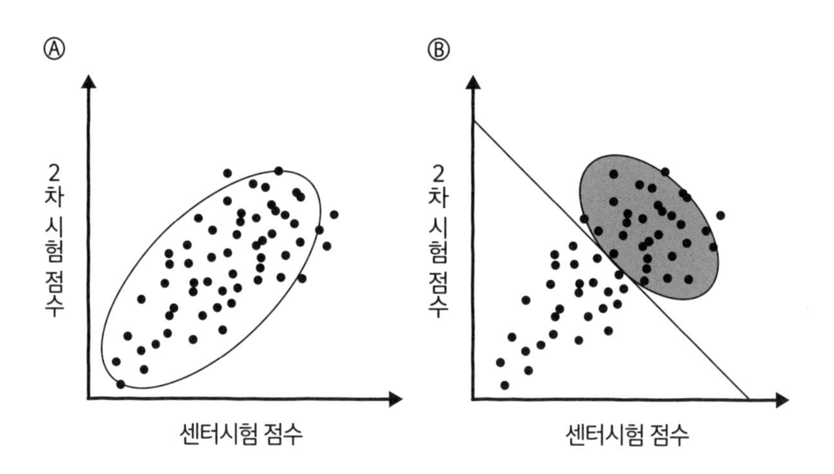

편견이 심어져 있다

다음으로는 여러분이 잘 모르고 있었을 조사연구법에 대해 이야기해 볼까 합니다. 일반적으로 여론조사는 신문사에서 실시합니다. 어떤 방법을 사용하는가 하면, 임의번호걸기(RDD; Random Digit Dialing)라 해서 전화번호부에 기재되지 않은 번호를 포함해 무작위하게 유선전화로 전화를 걸어 응답한 상대방에게 질문하는 방식입니다.

이 방식으로 정확한 데이터를 수집할 수 있을까요? 어느 곳이나 이렇게 조사를 하고 있으니 정확하지 않겠느냐 싶으시겠지만 사실 여기에는 문제가 있습니다. 왜냐, 휴대폰만 소지하고 있는 사람이나 저소득층, 입원 중인 사람같이 유선전화가 없는 사람은 제외되기 때문이죠. 또 하나의 문제점은 낮 동안에 전화를 걸기 때문에 낮에 집을 비우는 사람에게는 전화가 걸려오지 않는다는 사실입니다. 그래서 집에 있는 사람만이 응답하게 되므로 엄밀히 따지자면 무작위한 데이터라고 볼 수 없게 되죠.

신문사로부터 전화가 걸려왔다고 가정하겠습니다. ○○신문에서 전화를 걸었습니다. 그러면 '나는 ××신문밖에 안 본다, ○○신문은 딱 질색이다' 하며 대답을 거부하는 사례도 발생할 수 있습니다. 이러한 이유에서 임의번호걸기는 결코 민의를 반영하고 있지 않음을 이해하셨을 겁니다. 그런데도 어느 조사를 살펴보든지 '여기에는 민의가 반영되어 있다'고 쓰여 있죠. 하지만 실제로는 그렇지 않습니다. 결과적으로는 시간적·경제적으로 여유로운 사람이나 협조적인 사람의 의견만이 반영됩니다.

꼭 기억해두셨으면 하는 점은, 민의를 반영하려면 유효 답변율이 60%를 넘어야만 한다는 사실입니다. 하지만 지금의 여론조사를 보면 대개는 50% 언저리입니다. 머릿속이 복잡해지는군요. 즉, 여론조사는 이러한 부분에서 편견이 심어져 있습니다. 랜덤 샘플링*은 무척 좋은 방식이지만 문제는 **좀처럼 무작위한 데이터가 모이지 않는다**는 사실입니다. 그럼 전수조사를 하면 되지 않느냐고 하시겠지만 그러기란 대단히 어렵습니다. 시간이 얼마나 걸릴지 모르고, 돈도 많이 드니까요. 그래서 가능하다면 일부만을 측정하는 표본조사를 실시하는 것입니다만, 그 표본조사 방식이 문제죠. 앞서 언급한 것 같은 방식을 썼다간 편향될 수밖에 없으니까요.

마침 좋은 사례가 있어서 소개해보겠습니다. 일본에는 아사히신문과 요미우리신문이 있죠. 실제로 이런 일이 벌어졌습니다. 아사히신문은 '소비세 인상에 찬성하십니까? 반대하십니까?'라고 질문했습니다. 그러면 당연히 반대가 많아지겠죠(찬성 35%, **반대 54%**). 그런데 요미우리신문은 질문 방식이 달랐습니다. '재정을 재건하거나 사회보장제도를

---

* 자료가 한쪽으로 치우치지 않게끔 가능한 한 임의로 자료를 수집하는 방식.-옮긴이

유지하기 위해 소비세를 인상할 필요가 있다고 보십니까? 없다고 보십니까?'라고 물어봤죠. 이렇게 물어보면 다들 역시나 필요하다고 대답할 수밖에 없을 겁니다(**필요하다 64%**, 그렇지 않다 32%). 이처럼 같은 질문을 하더라도 어떻게 질문하느냐에 따라 다른 결과가 나오기도 합니다. 그렇기 때문에 **조사 데이터에는 편견이 심어져 있다고 봐야만 합니다.**

인과관계와 상관관계

여러분은 다음의 이야기를 듣는다면 어떻게 생각하시겠습니까? 40대에 출산한 여성은 장수하는 경향이 있다고 하버드대학교의 연구진이 〈네이처〉에 발표한 바 있습니다. 여성호르몬이 영향을 주는 것 같다고 말이죠. 그들은 1896년에 태어나 100세를 넘기고 장수한 78명의 여성들과 같은 해에 태어나 73세에 사망한 54명의 여성을 비교했습니다. 그 결과, 73세에 사망한 여성 중 40대에 출산한 여성의 비율은 6%였던 반면, 100세 이상 장수한 여성 중 40대에 출산한 여성은 20%나 되었습니다. 그래서 '그렇구나, 40대에 출산한 사람은 오래 사는구나' 하고 결론을 내린 것이죠.

문제 옳은 주장일까요?

40대에 아이를 낳으면 100살까지 장수하는 것이 아니라, 100살까지 살 정도로 건강한 사람이 40대에 아이를 낳았다고도 볼 수 있습니다. 따라서 데이터란 해석하는 사람에 따라 달라지는 셈이죠. 이는 인과관계와 상관관계에 대한 이야기입니다. 이런 식으로 그릇된 데이터를 머릿속에 넣는 일은 없어야 하겠습니다.

대사증후군 검사를 받으면 건강해진다?

대사증후군 검사를 받은 사람은 혈당치도 낮고, 허리도 가늘고, 혈압도 낮고, 체중도 적게 나간다는 사실이 밝혀졌습니다. 그럼 대사증후군 검사를 받으면 건강해진다고 말하는 사람도 있을 겁니다. 하지만 정말 그럴까요? 대사증후군 검사를 받았기 때문에 건강해진 것이 아니라, 애당초 건강에 관심이 많은 사람이 대사증후군 검사를 받는다고 봐야겠죠. 이러한 사실을 바로 알아차렸는지, 아닌지가 중요합니다.

전기를 아끼려면?

인과관계가 있는지 없는지는 개입효과(모종의 개입이 결과에 미치는 영향)**를 조사해보면 알 수 있습니다.** 여러분은 알고 계신가요? 전력의 가격을 인상하면 정말로 모두가 전기를 아껴 쓰는지 조사해야 할 경우에는 무슨 방법을 써야 좋을까요? 어느 특정한 시간대에만 전력의 가격을 배로 인상한 뒤에 전기를 아껴 쓰는지 조사해보면 됩니다. 이것이 바로 개

그림4 전력 가격에 따른 전력 소비량의 변화

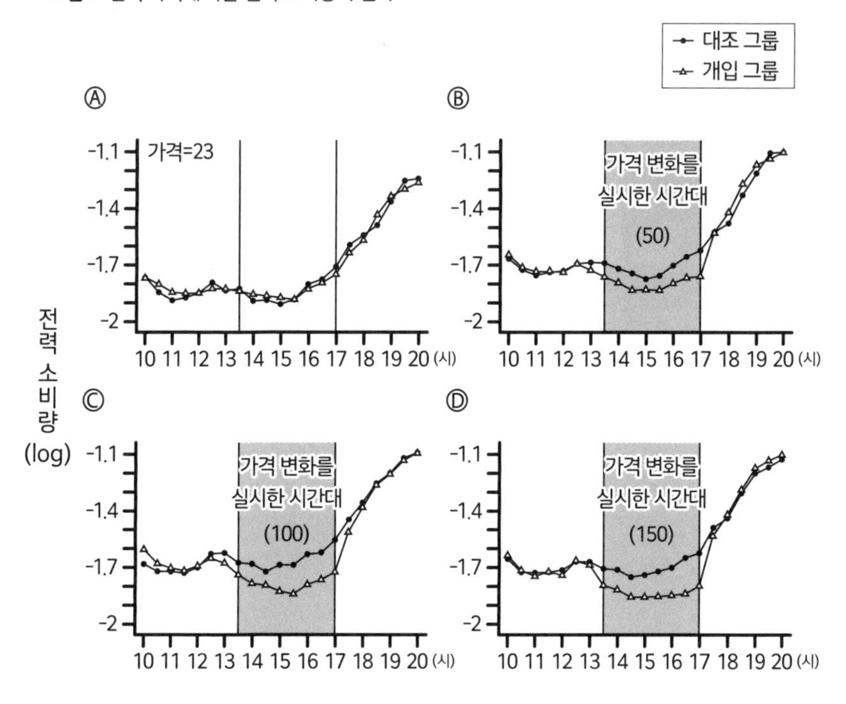

『데이터 분석의 힘-인과관계로 다가가는 사고법(データ分析の力 因果関係に迫る思考法)』(이토 고이치로 지음, 고분샤, 2017)을 토대로 작성

입입니다. 많은 사람을 무작위하게 두 그룹으로 나누겠습니다. 한쪽은 가만히 내버려둘 것이고, 나머지 한쪽은 전력의 가격을 변동해서 조사해보겠습니다. 이때 중요한 점은 두 그룹을 무작위하게 편성하는 것입니다. 예를 들어서, 한쪽은 모두 남자, 나머지 한쪽은 모두 여자, 이렇게 편성해서는 안 됩니다. 또 한 가지 중요한 점은 샘플의 수가 아주 많아야 한다는 사실입니다. 한두 사람이 대상이어서야 아무런 의

미가 없을 테니까요. 이런 식으로 진행하는 조사를 랜덤화 비교시험(→193쪽 참조)이라고 합니다.

실제로 조사해본 결과가 그림4입니다. A부터 살펴보도록 하죠. 가로축은 시간입니다. 시간대에 따라 전력을 얼마나 사용하는지 보겠습니다. 대조 그룹과 개입 그룹은 평상시에는 비슷하게 사용하고 있네요. 그런데 B를 보면 13시 30분부터 17시까지 가격을 23→50으로 인상한 그룹은 전기를 사용하지 않게 되었습니다. 다른 시간대에는 비슷하게 사용한 반면, 가격을 인상한 회색 시간대에는 사용하지 않아 사용량이 떨어져 있죠. 그럼 가격을 100으로 올리자 어떻게 되었느냐, 더욱 전기를 쓰지 않게 되었고(C), 150으로 올리자 더더욱 쓰지 않게 되었습니다(D). 하지만 가격을 변경하지 않은 시간대에서는 비슷하게 사용하고 있음을 알 수 있죠.

즉, 가격을 올리면 올릴수록 전기를 쓰지 않게 된다는 사실을 알았습니다. 모두들 비용에 따라서 전기를 사용한다는 사실이 밝혀진 셈이죠. 다시 말해 가격을 올리면 더는 전기를 사용하지 않게 된다는 뜻입니다.

그럴 필요까지는 없지 않느냐, 도덕심에 호소해 각 가정에 자발적으로 절전을 요청하면 어떻겠느냐? 누구나 이렇게 생각하시겠죠. 하지만 별반 효과가 없을 겁니다.

그림5는 일본의 교토, 오사카, 나라에서 실시된 랜덤화 비교시험의

그림5 절전 요청과 가격 변동

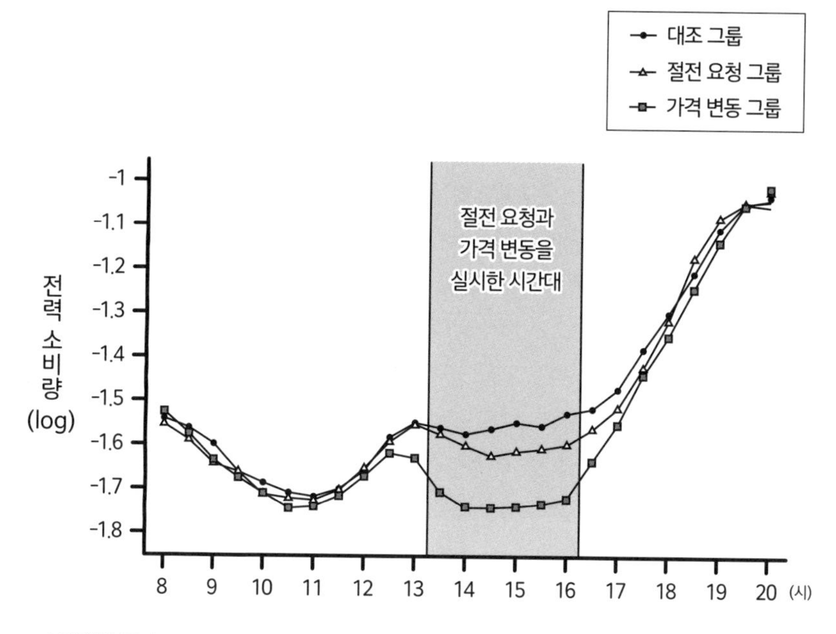

『데이터 분석의 힘-인과관계로 다가가는 사고법』(이토 고이치로 지음, 고분샤, 2017)을 토대로 작성

결과입니다. 절전 요청과 가격 변동을 함께 실시한다면 어느 쪽이 더 효과가 높을까요? 정에 호소하는 절전 요청은 약간의 효과가 있었지만 가격을 높이자 사용량은 눈에 띄게 줄어들었습니다. 그러니 정에 호소하기보다도 돈에 호소하는 편이 더 나은 셈이죠.

이처럼 가격 변동과 절전 요청을 비교한 결과, 가격 변동 쪽이 더 효과적임이 밝혀졌습니다. 개입효과를 조사해보면 전력 가격과 절전에는 인과관계가 있음을 알 수 있습니다.

대학의 효과적인 절전법

대학에서는 꽤나 전기를 많이 사용합니다. 제가 있던 대학은 도쿄도 안에서도 가장 전기를 많이 사용하는 조직 중 하나였죠. 전기가 어느 일정량을 넘어서면 하루에 100만 엔 정도를 지불해야만 합니다. 그러니 전기를 아껴 쓰라고 모두에게 주의를 주고는 했습니다.

그래서 전기를 많이 쓰는 연구실에 벌칙을 부과하는 편이 더 나은가, 아니면 전기를 아껴 써 달라고 부탁하는 편이 더 나은가 하면, 당연히 벌칙을 부과하는 편이 더 효과적이었습니다. 하지만 더 좋은 방법이 없을지 알아봤죠.

이건 여름 한정입니다만, 12~18시에 자동적으로 에어컨이 꺼지게 하는 방법이 있습니다. 그러면 아무도 없는 방은 그대로 에어컨이 꺼지고, 누가 있는 방에서는 버튼만 누르면 다시 에어컨이 켜지겠죠. 아무도 없는데도 에어컨이 돌아가는 방이 실제로도 무척 많았거든요. 그러니 자연스럽게 에어컨이 꺼지게 하는 것도 방법 중 하나겠죠.

또 다른 방법으로 연구실에 있었던 냉장고를 폐기했습니다. 고작 냉장고를 버렸다고 무슨 소용이겠냐 싶으시겠지만, 모두 4000대 정도의 냉장고가 나왔습니다. 하지만 그 냉장고를 모두 철거해서 전기가 많이 절약되었는가 하면 그렇지도 않더군요. 좀 더 전기를 아끼려면 어떻게 해야 좋을까요?

가장 효과적이었던 방법은 전등을 모두 LED로 바꾼 일이었습니다. 예를 들어, 화장실은 항상 불이 켜져 있죠. 그 전등을 LED로 바꾸었습니다. 대학에는 방이 한두 개가 아니라 수천 개가 넘죠. 그 방의 전등을 모조리 LED로 바꾸면 처음에야 비용이 많이 들겠지만 결과적으로는 전기를 절약할 수 있음을 알았습니다. 이처럼 생각을 바꾸면 효과적으로 전기를 아낄 수 있죠.

콜레스테롤 대논쟁

앞서 상관관계와 인과관계의 예를 들어보았습니다만, 또 하나 유명한 사례를 소개해보도록 하겠습니다.

콜레스테롤 대논쟁이라는 유명한 이야기가 있습니다. 혹시 콜레스테롤이 많아서 달걀을 먹지 않는다는 사람이 주변에 있지 않나요? 사실 이건 틀린 말입니다. 원래는 이런 이야기에서 시작된 일이죠.

일본동맥경화학회에 소속된 의사가 콜레스테롤은 몸에 나쁘다고 언급했습니다. 높은 콜레스테롤 수치는 심근경색을 일으키기 쉽다고 말이죠. 그런데 일본지방질영양학회는 혈중 콜레스테롤이 높은 사람이 더 오래 산다고 말했죠. 두 학회가 전혀 반대되는 이야기를 한 것입니다. 콜레스테롤에 대해 한쪽은 몸에 해롭다, 또 한쪽은 높은 편이 낫다고 말한 셈이죠. 대개 영향력이 더 강한 쪽은 의사이니 그렇다면 달걀을 먹지 않겠다는 사람이 나타나기 시작했습니다.

그럼 데이터를 살펴보도록 하죠(그림6). 세로축이 사망률입니다. 가로축이 혈중 콜레스테롤의 양이죠. 보시면 아시겠지만 콜레스테롤은 중간치가 가장 좋고, 높으면 높을수록, 낮으면 낮을수록 사망자가 많음을 알 수 있습니다. 의사가 콜레스테롤이 높으면 위험하다고 말한 경우는 오른쪽입니다. 그런데 영양학회는 왼쪽에 주목했죠. 콜레스테롤이 240 미만인 경우를 보고 콜레스테롤 수치가 높은 쪽이 더 안전하다고 말한 것입니다. 왜 240으로 정했느냐, 2015년 이전까지는 콜레스테롤이 높으면 위험하다고 여겨졌고 240을 넘으면 약을 복용해야만 했거든요. 하지만 240은 가장 안전한 양이지 않습니까. 그래서

그림6 콜레스테롤 수치와 사망률

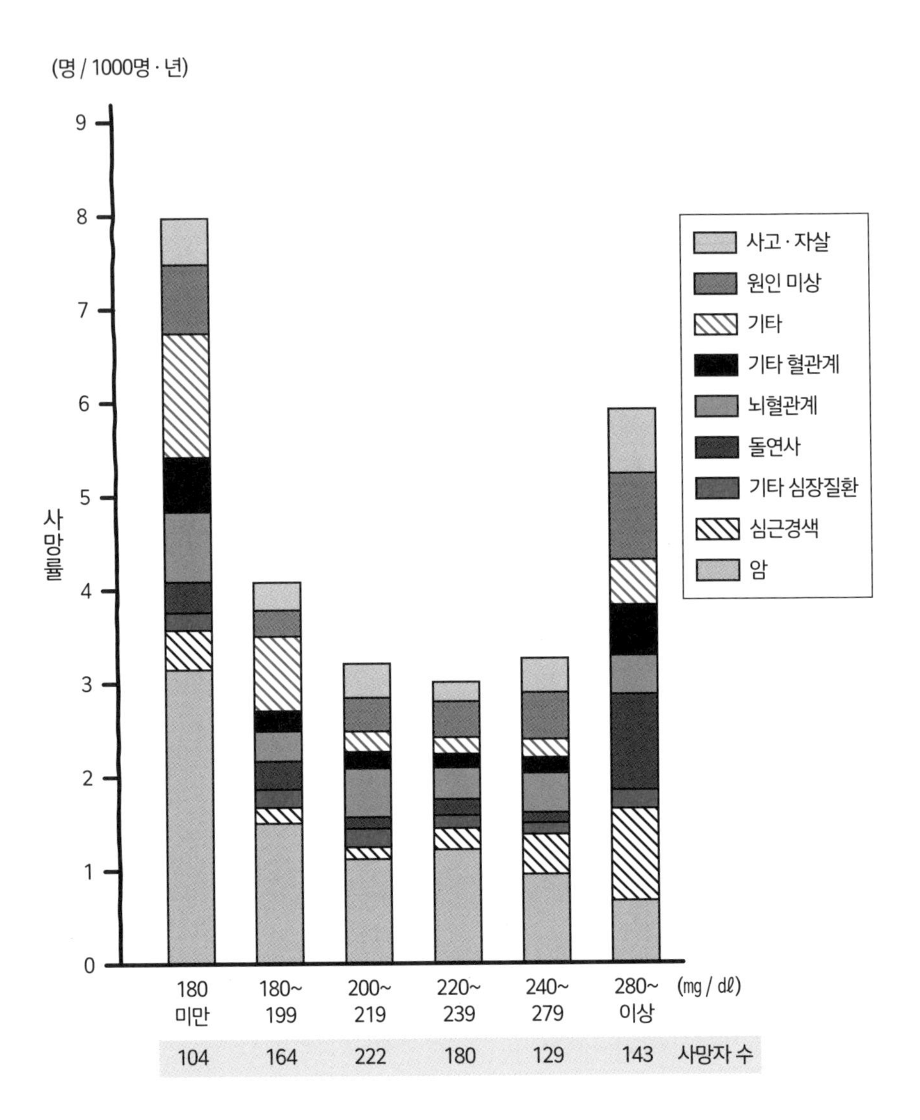

〈닛케이 메디컬 2001년 2월호〉(닛케이 메디컬 편집, 닛케이BP, 2001)를 토대로 작성

2015년에 콜레스테롤의 상한치가 폐지되었고 약을 복용해야 하는 수치도 바뀌었죠.

기억해두셨으면 하는 부분은 콜레스테롤이 높아지면 심근경색의 비율도 높아진다는 점입니다. 반면 콜레스테롤이 낮은 사람은 심근경색이 아니라 암이 많아지죠. 콜레스테롤이 지나치게 낮으면 암으로 사망할 확률이 높은 셈입니다. 그러니 가장 몸에 좋은 수치는 220~239임을 머릿속에 넣어두세요.

자, 그럼 여기서 문제입니다.

문제 콜레스테롤 수치가 낮으면 암에 걸리는 걸까요? 아니면 암에 걸렸기 때문에 콜레스테롤 수치가 낮은 걸까요?

그림6을 보면 보통은 콜레스테롤 수치가 낮을 경우 암에 걸리기 쉽다고 생각하실 겁니다. 하지만 반대입니다. 암에 걸렸기 때문에 콜레스테롤 수치가 낮아진 것이죠. 따라서 데이터를 살펴볼 때에는 인과관계가 어떠한지 주의를 기울여야만 합니다.

달걀을 먹으면 어떻게 될까?라는 연구가 있습니다. 달걀 1개에 포함된 콜레스테롤의 양은 200~250mg입니다. 달걀을 먹지 않았을 때와 4개를 먹었을 때의 혈중 콜레스테롤 수치는 거의 차이가 없습니다(그림7). 달걀을 얼마나 많이 먹든 문제가 없죠. 혈중 콜레스테롤은 음식

그림7 음식물을 통해 섭취하는 콜레스테롤은 신경 쓸 필요가 없다

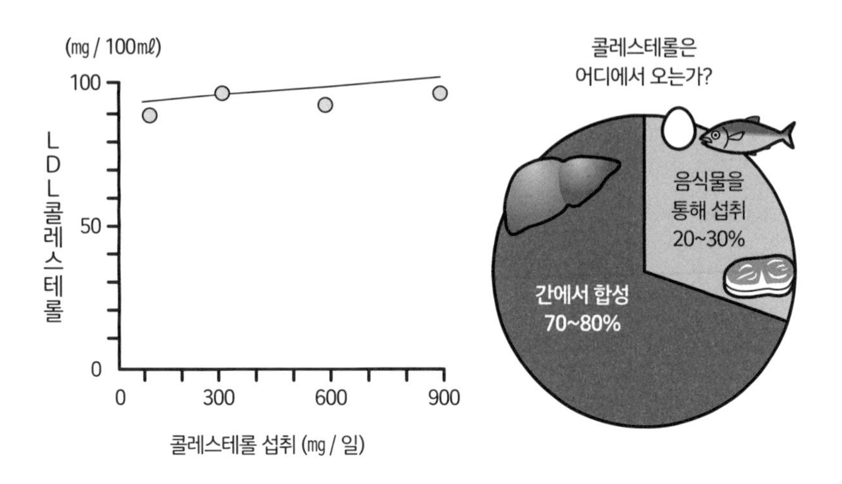

물에서 비롯된 양이 20~30%고, 나머지 70~80%는 여러분의 간에서 스스로 만들어내고 있습니다. 그러니 결론만 놓고 말하자면 달걀=콜레스테롤은 오해입니다. 달걀과 우유만큼 영양가가 높은 음식은 없죠. 알레르기가 없는 한, 달걀을 매일 먹는 것은 영양적으로 매우 좋다는 사실이 밝혀진 바 있습니다. 달걀에 포함된 콜레스테롤은 신경 쓸 필요가 없음을 꼭 기억해두세요.

여성은 걱정할 필요가 없다

이걸로 해결된 것은 아닙니다. 또 하나의 다른 요인이 있죠. 그림은 ●와 ○가 남성, △가 여성입니다. 콜레스테롤이 높더라도 여성은 사망률과 거의 관계가 없습니다만 남성은

그림 동맥경화에 따른 사망률

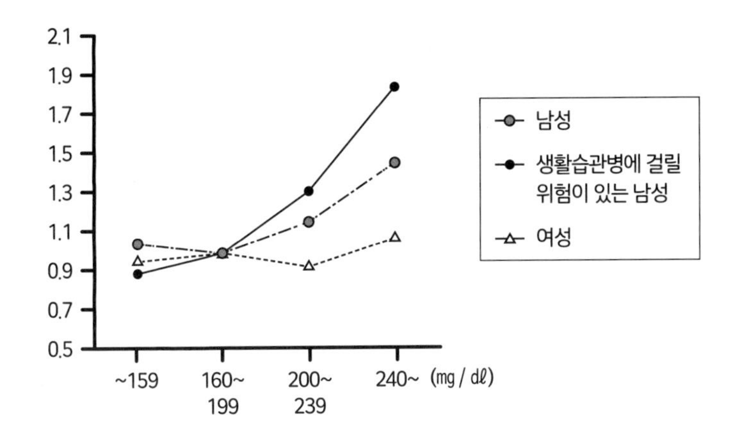

Jacobs D, et al:Circulation, 86:1046-1060, 1992를 토대로 작성

사망률이 조금 올라갔습니다. 즉, 콜레스테롤이 높아져서 동맥경화에 걸리기 쉬운 쪽은 굳이 말하자면 남성인 셈입니다. 그런데 콜레스테롤이 높아지니 달걀을 먹지 말자는 사람들은 대부분 여성분들이죠. 하지만 여성은 걱정할 일이 없습니다. 어머니가 만약에 달걀을 먹지 말자고 하시거든 걱정하실 필요가 없다고 말씀드리세요. 이렇듯 인과관계를 쉽사리 알아차리지 못하는 경우는 꽤나 많습니다. 그러니 데이터를 해석할 때에는 주의 깊게 살펴보세요.

학습능력과의 관계

그럼 여기서 다음의 문제를 봐주세요.

문제 그림8을 보고 무엇이 이상한지 설명해보세요

한번은 일본의 문부과학성이 '체력이 좋은 아이는 학습능력이 높다'고 언급한 적이 있습니다. 확실히, 체력 검사 점수와 국어 정답률은 상관이 있네요. 체력 검사 점수와 산수 정답률도 상관이 있군요. 그래서 체력이 좋기 때문에 학습능력도 높다고 말한 것이겠죠. 하지만 이는 잘못된 발언입니다. 무엇이 잘못되었을까요? 이건 그저 **상관이 있을 뿐입니다. 인과관계가 있는지는 알 수 없죠.** 반대로 학습능력이 높은 아이가 전반적으로 건강하고 체력도 좋은 것은 아닐까요. 맞을 수도 있습니다. 하지만 정말로 인과관계가 있는지 없는지는 모를 일이죠.

그림9 역시 동일한 예로, 국어와 산수 시험 성적을 나타낸 그래프입니다. 텔레비전을 1시간밖에 보지 않는 아이와 3시간 이상 보는 아이를 비교해보면 텔레비전을 많이 보는 아이 쪽이 성적이 더 낮다는 말입니다. 오른쪽이 더 낮군요. 그래서 일본의 문부성은 텔레비전을 많이 시청하는 아이의 학습능력이 낮다고 말했습니다. 정말 그럴까요? 텔레비전을 보기 때문에 학습능력이 낮아진 것이 아니라, 본래 학습능력이 낮은 아이가 텔레비전을 많이 보는 건 아닐까요. 이런 사실을 바로 눈치채셨습니까? 상관관계와 인과관계란 이렇게 매사를 예리한 시선으로 봐야만 알아차릴 수 있습니다.

그림8 체력이 좋은 아이는 학습능력이 높다?

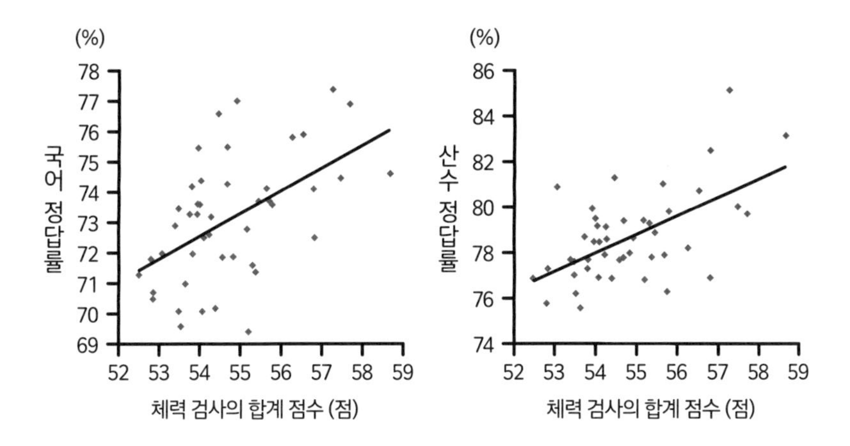

『원인과 결과의 경제학』(나카무로 마키코, 쓰가와 유스케 지음, 다이아몬드사, 2017)을 토대로 작성.

그림9 텔레비전을 많이 보는 아이는 학습능력이 낮다?

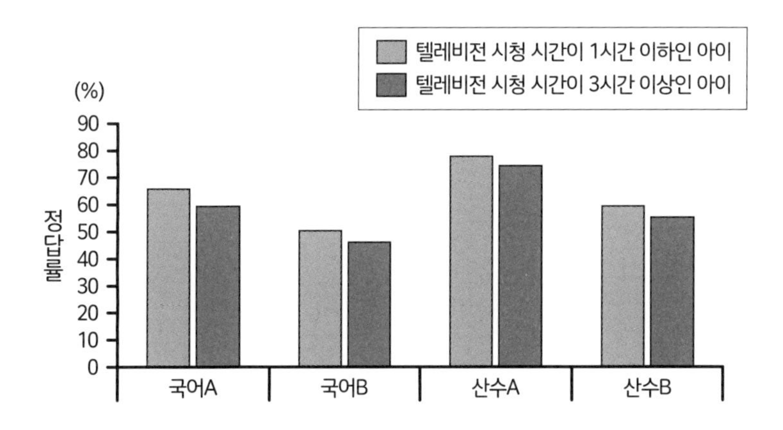

『원인과 결과의 경제학』(나카무로 마키코, 쓰가와 유스케 지음, 다이아몬드사, 2017)을 토대로 작성.

초콜릿을 많이 먹으면 똑똑해진다?

초콜릿의 소비량과 노벨상 수상자의 수가 비례한다는 데이터가 있습니다. 그러자 어떤 사람들은 '초콜릿을 많이 먹은 쪽에 똑똑한 사람이 더 많으니 초콜릿을 많이 먹어야 하지 않겠느냐'고 말하기 시작했죠. 여기서는 '아니, 그건 말이 안 되지'라고 생각하셔야 합니다. 어느 부분이 이상할까요? 이건 부유한 나라일수록 교육에 투자하는 비용도 많다는 뜻입니다. 단순히 상관관계가 있을 뿐이죠.

설문조사는 신뢰도가 떨어진다?

간편하다는 이유로 곧잘 설문조사를 실시하고는 합니다만, 설문조사 역시 단순히 실시한다고 끝이 아닙니다. 예를 들어, '거주 지역에 만족하십니까?'라는 설문조사에서 '매우 만족'~'만족하지 않는다'는 선택지를 준다면 대부분 가운데 쪽을 고르겠지만 '그럭저럭 만족'이라는 선택지가 들어가 있다면 모두들 이쪽을 고르게 되겠죠(그림10). 즉, 설문조사는 **설문조사를 실시하는 사람이 원하는 답을 내놓게 할 수도 있다는 뜻입니다.** 설문조사를 과연 믿어야 할지 아닌지는 잘 생각해봐야 할 문제입니다.

그림11은 한국에 대한 호감도를 조사한 설문조사입니다. 여기에는 '모르겠다'는 선택지를 넣으면 열이면 열 모르겠다가 가장 많겠죠(A). 그 외에는 대개 가운데 쪽이 많겠습니다만, 흥미로운 데이터가 있습니

그림10 거주 지역에 대한 만족도

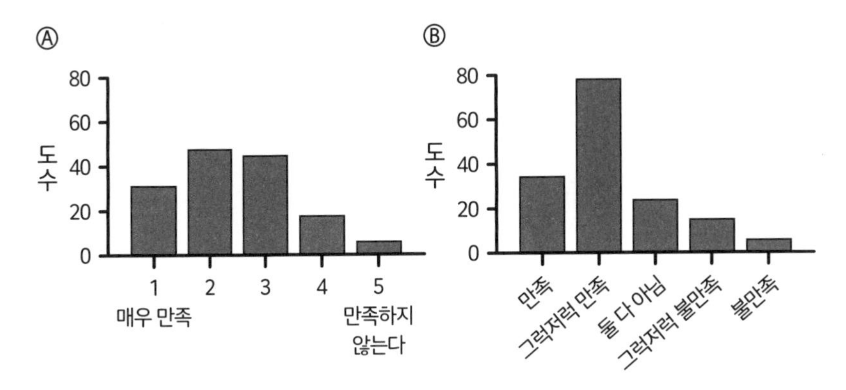

『원인과 결과의 경제학』(나카무로 마키코, 쓰가와 유스케 지음, 다이아몬드사, 2017)을 토대로 작성.

그림11 국가별 호감도(한국)

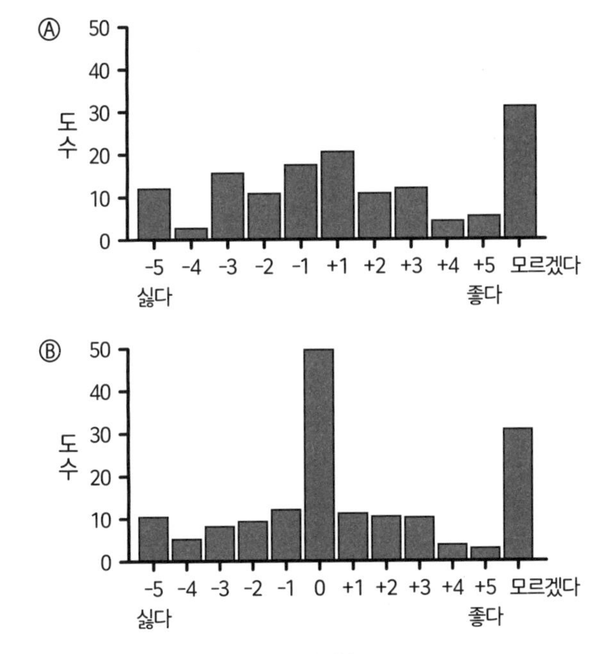

『원인과 결과의 경제학』(나카무로 마키코, 쓰가와 유스케 지음, 다이아몬드사, 2017)을 토대로 작성.

다. '좋다'와 '싫다'는 선택지 사이에 0을 넣으면 대부분이 그쪽을 선택한다는 것이죠(B). 이런 식으로 자신의 의도에 부합되는 데이터를 손에 넣을 수 있습니다. 그러니 설문조사를 실시하는 방식에 대해서는 논란의 여지가 많습니다.

같은 질문에 다른 결과

이러한 예는 그 외에도 많습니다. 다음을 보시면 ①, ② 모두 '당신은 어느 선생님이 더 좋습니까?'라는 같은 질문을 하고 있습니다.

문제 **① 어느 선생님이 좋은 선생님이라고 생각하십니까?**

A. 학생을 잘 챙겨주지만 수업이 지루한 선생님

B. 학생을 잘 챙겨주지는 않지만 수업이 재미있는 선생님

문제 **② 어느 선생님이 좋은 선생님이라고 생각하십니까?**

A. 수업이 지루하지만 학생을 잘 챙겨주는 선생님

B. 수업은 재미있지만 학생을 잘 챙겨주지 않는 선생님

질문 방식이 조금 다를 뿐 ①과 ②는 완전히 동일합니다. 순서만 거꾸로 했을 뿐입니다만, 대답은 확연히 다르게 나타났죠. 보세요. ①에서 B '학생을 잘 챙겨주지는 않지만 수업이 재미있는 선생님'이 좋다고 대답한 사람은 80%에 가까웠습니다. 반면 ②의 경우, B '수업은 재미있지만 학생은 잘 챙겨주지 않는 선생님'은 ①의 B와 똑같은 말인데도 지지율은 60% 정도였죠. 여기서 다들 **문장의 처음보다는 뒷부분을 더 신경 써서 본다**는 사실을 알 수 있습니다. 문장의 뒷부분에 긍정적인 내용을 넣어야 더 높은 지지율을 얻을 수 있다는 뜻입니다. 그러니 설문조사를 할 때 이런 식으로 한다면 자신이 원하는 대답을 얻게 될 가능성이 높은 셈이죠.

설문조사의 회수율을 높이려면?

설문조사를 할 때 직접 설문지를 건네고 그 자리에서 회수할 수 있다면야 좋겠지만 좀처럼 쉽지 않은 일이기에 보통 우편을 사용합니다. 하지만 우편으로 보낸다면 잘 돌아오지 않죠. 무작위로 전화를 걸었을 경우 50% 정도의 대답을 얻으면 성공이라고 합니다만, 우편의 경우는 30%밖에 돌아오지 않습니다. 어떡하면 회수율을 높일 수 있을까요?

익히 알려진 방식이 있습니다. 상품을 끼워주는 것이죠. 상품을 받으면 다들 차마 나 몰라라 할 수 없어서 답변을 보내줍니다. 그 외에도 회신용 봉투에 우표를 붙여두면 돌아올 확률이 높아집니다. 설문조사의 질문이 길면 다들 쓰려고 하지 않으니 질문을 줄이는 방법도 있습니다. 그리고 이름에 직함을 붙여두면 돌아올 확률이 높아지죠. 학장 같은 직함을 적어두면 설문지가 더 잘 돌아온다는 뜻입니다. 또 다른 방법으로는 학생 이름으로 편지를 보내면 고생이 많겠다 싶어서 설문에 응해주는 사람이 제법 많습니다. 그러니 학생 여러분은 학생의 특권을 십분 활용하세요. 재미있는 점은 봉투가 크면 클수록 돌아올 확률도 높다는 사실입니다. 신기하죠? 인간이란 그런 법입니다. 설문조사를 실시하는 방식, 잘 기억해두세요.

데이터의 신뢰성

과학적 근거가 있는 실험

여기서는 데이터의 신뢰성에 담보를 잡는 방식에 대해서 알려드리고자 합니다. 논문에 적힌 내용이 정말로 옳은지 아닌지를 어떻게 알 수 있느냐, 어떤 약의 효과를 예로 들었을 경우 아무리 동물에게 효과적이었다 하더라도 쉽사리 신용하기란 어려운 일입니다. 실제로는 인간을 상대로 실험(증례보고)을 해본 후, 특정 지역에서 오랫동안 관찰(코호트 연구)을 한 뒤에야 비로소 신뢰할 만한 데이터를 얻을 수 있죠.

여기서 그치지 않고 비교임상실험이라는 실험이 실시됩니다. 약이

그림12 다양한 연구수법에 대한 과학적 근거의 신뢰성

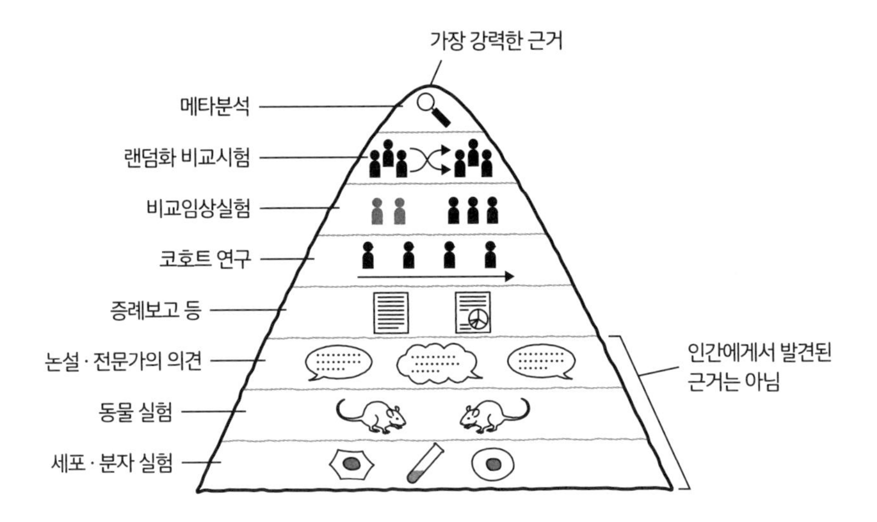

효과가 있는지 없는지를 위약*과 비교하는 방식이죠. 이를 무작위로 실시한 것이 바로 랜덤화 비교실험입니다. 그러면 데이터도 점점 확실해지겠죠. 그림12를 봐주세요. 가장 근거가 확실한 경우는 메타분석으로, 복수의 연구를 취합한 후 통계적으로 정리해서 하나의 결론을 내놓는 연구 방식입니다. 그러니 메타분석이라 쓰여 있다면 '이 연구는 확실하겠구나' 하고 이해하시면 되겠습니다.

얼마나 실험하면 좋을까?

그렇다면 실험은 얼마나 많이 하면 좋을까요. 일반적으로는 이러하다는 사실을 알아두세요. 예를 들어, 어떤 약을 투여하면 행동이 활발해지는지 아닌지를 알아보는 실험을 한다고 가정하겠습니다.

이런 실험을 실시할 때 신용할 만한 결과물을 얻으려면 실험용 쥐는 몇 마리나 사용하면 좋겠느냐고 물어볼 경우, 여러분은 몇 마리라고 대답하시겠습니까? 100마리를 사용한다면 확실한 결과가 나오긴 하겠지만 쓸데없이 많은 쥐를 사용했다간 동물보호협회에서 가만있지 않을 겁니다. 쥐가 가여우니 마릿수를 줄여야만 하겠죠. 그럼 4마리면 될까요? 개체마다 차이가 있기 때문에 다른 결과가 나올 가능성이 있습니다. 이런 경우에는 일반적으로 8마리 정도를 사용합니다.

---

* 僞藥: 약효는 전혀 없으며 심리적 효과만을 주기 위해 투여되는 가짜 약.-옮긴이

쥐의 경우는 이러합니다만 선충(線蟲)이었다면 몇 마리 정도가 필요하느냐, 20마리 정도가 필요합니다. 그럼 침팬지는 어떨까요? 40살에서 50살까지 살 수 있는 침팬지를 8마리나 키우기란 무척 힘든 일이죠. 침팬지를 8마리나 사용하는 것은 무리입니다. 4마리를 모아놓기도 쉽지 않을 일이니 이 경우는 2마리 정도로 타협을 보게 됩니다.

시험관은 몇 개나 사용하면 좋을까요. 2개나 3개를 써보고 그 평균을 취하는 것이 타당합니다. 여담입니다만 함께 연구하는 사람이 '저 녀석이 하는 연구, 뭔가 좀 이상한데?' 싶어서 대신 시험해보는 경우라면 8번까지 시도할 필요는 없겠죠. 하지만 1회만으로는 알아낼 수 없을지도 모릅니다. 2회라면 대개는 옳은지 틀렸는지를 알아낼 수 있겠죠. 이런 식으로 조사 데이터의 횟수도 중요하다는 사실을 머릿속에 넣어두세요.

동물실험의 3R

실험에 동물을 사용할 때는 일반적으로 동물실험의 윤리원칙(3R)에 따라 가급적 다른 동물로 대체하지 않아야 하며(replacements), 가능한 한 사용하는 숫자를 줄여야 하며(reduction), 정확한 계획을 세워야(refinement) 합니다. 그래서 앞서 말한 것처럼 실험에 동물을 수백 마리나 사용하는 경우는 현재 없어졌죠. 일본에서도 2005년에 동물보호법이 개정되면서 사용수를 철저하게 삭감함과 동시에 가능한 한 고통을 주지 말아야 한다는 사항이 명시되어 있습니다.

가짜뉴스가 확산되는 이유

마지막으로, 가짜뉴스가 널리 퍼지게 되는 이유를 짤막하게 소개한 뒤 마무리하겠습니다. 다양한 곳에서부터 정보가 흘러들어오고 있을 텐데, 여러분은 누구의 정보를 가장 신용하시나요? 친구나 동료, 가족이겠습니다만, 꽤나 많은 가짜 정보는 바로 그 경로를 통해서 유입되고 있습니다. 얼핏 그럴싸하지만 잘못된 정보는 대단히 흥미롭기 때문에 여기에 속아 넘어가 주변 사람들에게 선의로 퍼뜨리게 되죠. 작정하고 속이려 드는 사람은 아무도 없다는 뜻입니다.

한 번은 페이스북에 이런 게시물이 올라왔습니다. 1998년 주간 잡지 〈피플〉의 인터뷰 기사에서 트럼프 전 미국 대통령이 '내가 대통령에 입후보하는 일이 있다면 공화당 후보로 나서겠다. 왜냐하면 공화당은 가장 멍청한 유권자 집단이기 때문이다'라고 말했다는 게시물이 페이스북에 실렸죠. '트럼프는 공화당에서 출마했으면서 예전에는 이런 말도 했구나, 과연, 트럼프라면 그럴 만하지' 하고 이 소문은 널리 퍼져나갔습니다. 하지만 이건 조작이었죠. 누군가의 거짓말이었던 겁니다. 얼핏 보면 그럴싸한 이야기처럼 보입니다. 그래서 악의가 없었음에도 입에서 입을 타고 퍼져나갔죠. 가짜뉴스는 일반적으로 이런 식입니다. 하지만 여러분은 이런 일 없이 바른 정보를 바르게 전달해주세요.

이 뉴스가 확산된 이유를 이후에 분석한 결과, 모두가 친구를 신뢰했기 때문임이 밝혀졌습니다. 실제로 트럼프가 그런 말을 했는지 어땠는지 아무도 알아보지 않았던 것이죠. 하지만 열심히 조사해본다고 해서 딱히 도움이 되는 건 아니니까요. 그 얘기는 거짓말이었구나, 하고 끝이겠죠. 그래서 가짜뉴스는 애매모호한 상태로 멀리 퍼져나가는 것입니다.

앞서도 언급된 '달걀을 많이 먹으면 콜레스테롤이 높아져서 몸에 해롭다'는 이야기 역시 얼핏 들으면 그럴싸한 이야기다 보니 순식간에 퍼져나갔죠. 하지만 거짓이었습니다. 다양한 정보를 살펴볼 때에는 꼼꼼히 알아보아야 한다는 사실을 기억해 두셨으면 합니다. **인간은 직접 생각하지 않고 타인의 말을 그대로 믿는**, 그런 존재거든요. 이번 장은 여기서 마치도록 하겠습니다.

정리

- 편견이 심어져 있다는 사실에 주의하며 데이터를 살펴봅시다.
- 상관관계에 휘둘리지 말고 인과관계가 어떠하며 무엇이 중요한지를 판단해야 합니다.
- 실험은 근거에 입각해야 하며 데이터의 신뢰성이 담보되어야 함을 명심합시다.
- 가짜뉴스는 쉽게 퍼져나갑니다. 올바른 정보인지 아닌지 직접 알아보는 것이 중요합니다.

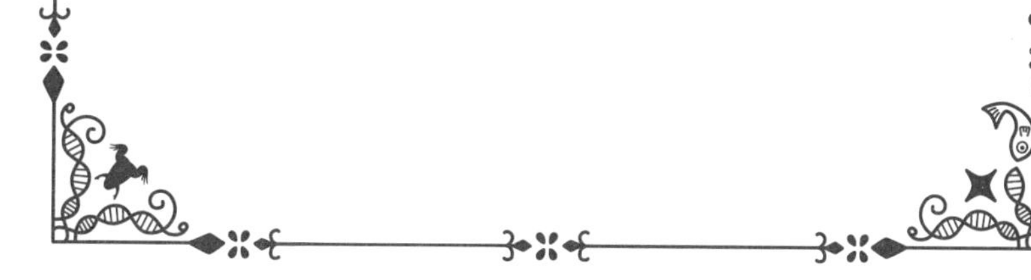

제 4 장

유전자 재조합과 iPS세포, 백신

인간의 발생

이번에는 인간의 발생과 생명윤리에 대해 이야기해보고자 합니다.

수정에서 착상까지

그림1은 인간이 어떻게 자라나는지를 나타낸 그림입니다. 처음에 정자와 난자가 수정한 뒤로 세포분열이 진행되면서 점점 커지고, 세포는 세 가지 층으로 나뉘며, 여기서 다양한 조직이나 기관이 형성되기 시작합니다(A). 수정란은 B에 나와 있듯이 자궁 안을 돌아다니다 착상됩니다. 착상이란 자궁내막에 파고드는 것으로, 이곳에서 자라나게 됩니다(C).

세포의 분화능력

그렇다면 본래 1개였던 세포가 어떻게 심장이나 신경 등 다양한 조직, 기관으로 변하는 것인지 신기하게 생각해본 적은 없으신가요? 이것이야말로 생물이 지닌 대단히 흥미로운 부분입니다. 본래 균일했던 세포가 서로 다른 기관이나 조직으로 변해갑니다. 이를 분화(分化)라고 합니다. 처음에 양서류를 이용해 흥미로운 연구가 진행되었습니다. 그림2는 개구리의 포배*를 사용한 실험 결과입니다. 포배의 동물극** 쪽을 잘라내 샬레 안에 넣어둔 후, 그 안에 액티빈 용액을 붓습니다. 액

그림1 인간의 수정과 초기발생

Ⓐ 난할과 삼배엽 형성

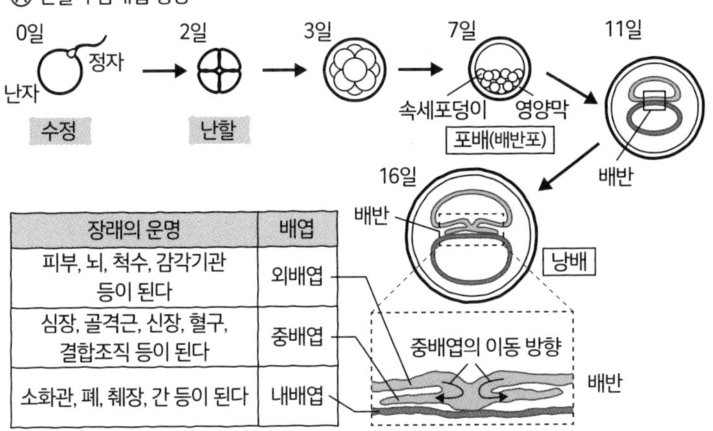

장래의 운명	배엽
피부, 뇌, 척수, 감각기관 등이 된다	외배엽
심장, 골격근, 신장, 혈구, 결합조직 등이 된다	중배엽
소화관, 폐, 췌장, 간 등이 된다	내배엽

Ⓑ 난관 안에서의 수정란의 이동과 착상

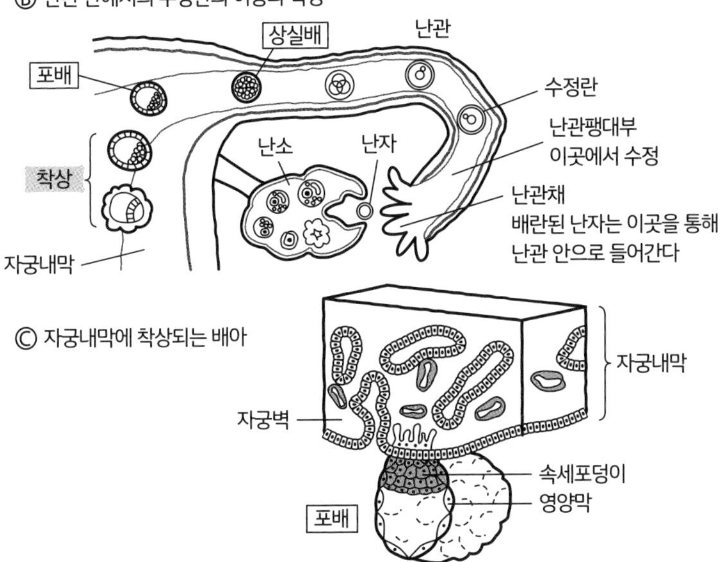

『현대생명과학 제3판』(도쿄대학교 생명과학교과서 편집위원회 편집, 요도샤, 2020)을 토대로 작성.

---

* 胞胚: 발생 단계 중의 하나로, 난할이 모두 끝난 후 내부의 세포들이 외벽에 붙어 내부에 빈 공간이 생긴 시기의 배를 가리킨다.-옮긴이

* * 動物極: 난세포에서 난황의 양이 적고 세포질이 많은 부분으로, 이후 극체로 발달한다.-옮긴이

티빈은 증식인자의 일종이죠. 그 결과, 조직편이 액티빈의 농도에 따라 심장조직이나 척삭, 신경조직 등 다양한 조직으로 변한다는 사실이 밝혀졌습니다. 분화는 이처럼 유도물질에 따라서 발생한다는 사실이 명백히 드러난 것이죠.

발생을 통해 우리 몸의 다양한 장기가 생겨나는 까닭은 작용하는 유전자가 다르기 때문입니다. 예를 들어, 심근이 되려면 심장의 유전자가 작용해야만 한다는 뜻이죠. 신경이 되려면 신경 유전자가 작용하면 되는 셈으로, **작용하는 유전자를 바꿈에 따라 다양한 장기나 기관이 형성될 수 있음이 밝혀졌습니다.**

그림2 세포의 분화

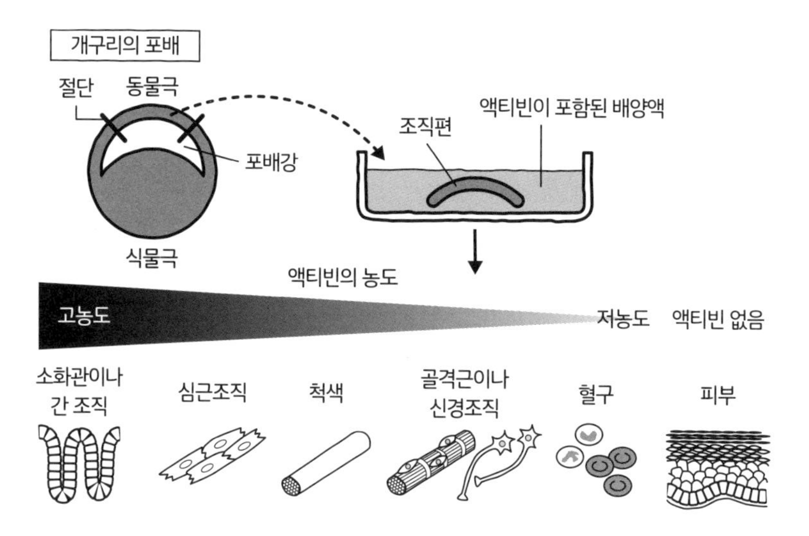

『현대생명과학 제3판』(도쿄대학교 생명과학교과서 편집위원회 편집, 요도샤, 2020)을 토대로 작성.

재생의료의 현재

자, 그럼 지금부터는 재생의료에 관한 이야기로 넘어가보겠습니다. 재생의료에서는 체성 줄기세포(혈액 내부 등에 존재하며 훗날 다양한 조직과 기관으로 변할 수 있는 세포), 이후 설명할 ES세포(배아줄기세포)나 iPS세포(유도만능줄기세포)를 사용해 사라진 장기 등을 만들어낼 수 있게 되었습니다.

복제생물과 ES세포

복제생물이란 용어를 들어 보셨죠? 유전자가 완벽하게 똑같은 생물을 가리킵니다. 그림3에는 복제생물을 제작하는 방식이 나와 있습니다. 복제생물은 핵 이식을 통해 만들어낼 수 있죠. 왼쪽 상단에 쓰여 있듯이, 쥐에서 핵을 떼어냅니다(탈핵). 그 자리에 다른 세포에서 떼어낸 핵을 주입하는 핵 이식을 실시합니다. 유전자 재조합이 아니라 단순히 핵을 교체하는 것뿐이죠. 이로써 완전히 똑같은 유전자를 지닌 복제생물이 만들어지게 됩니다. 이런 실험에서 인간을 대상으로 삼아서는 안 됩니다. 다소 주의가 필요한 실험이죠. ES세포는 복제생물과 마찬가지로 미수정란에서 만들어집니다(그림3B).

그림3 복제생물과 ES세포를 제작하는 방법

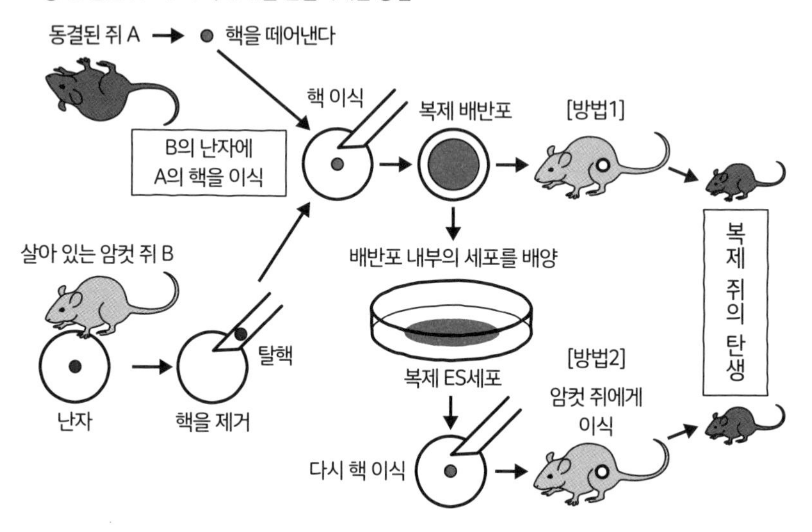

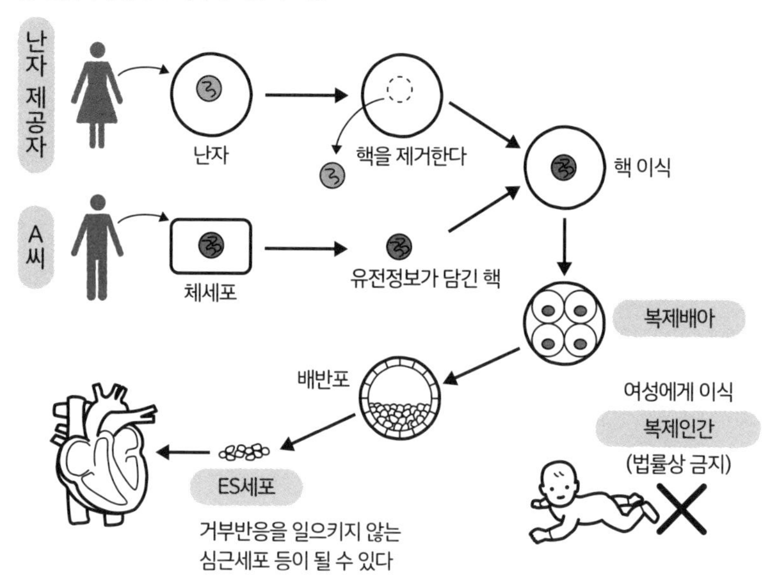

유전자 재조합 기술을 이용한 iPS세포

최근에는 iPS세포가 유행입니다. 왜냐하면 ES세포는 여성으로부터 미수정란을 채취해야만 한다는 점에서 다소 어려움이 따르기 때문이죠. 한편 iPS세포의 경우는 피부조직으로 만들 수 있습니다. 피부라면 바로 세포를 채취할 수 있겠죠. 윤리적으로도 큰 문제가 없으므로 현재는 iPS세포가 화제를 이루고 있습니다. iPS세포를 사용한 재생의료는 모두 트랜스제닉(transgenic)입니다. 트랜스제닉이란 유전자 재조합을 말합니다. 인간의 유전자를 직접 조작하는 것이죠. 따라서 어떠한 iPS세포든 유전자가 도입된다는 사실을 기억해두세요.

iPS세포의 가능성

iPS세포와 ES세포는 무엇이든 될 수 있으며 얼마든지 늘어날 수 있는 인공다기능성세포입니다. 다른 점은 ES세포의 경우 미수정란을 사용하기 때문에 거부반응이 일어나거나 윤리적으로 문제가 발생할 수 있다는 점이겠죠. 하지만 iPS세포는 **자신의 피부에서 채취한 세포를 간으로 바꾸어 자신의 간에 이식하는 셈이니 거부반응이나 윤리적인 문제가 없습니다.** 이러한 점에서 iPS세포의 장점이 알려지고 있으며, 일본의 야마나카 신야 교수는 iPS세포로 노벨상을 수상했죠. 피부의 세포를 떼어내 특정한 유전자 4개를 집어넣으면 iPS세포가 됩니다(그림4). 이 세포가 분화를 일으키게끔 유도하면 신경이 되기도 하고 간이 되기도

그림4 iPS세포

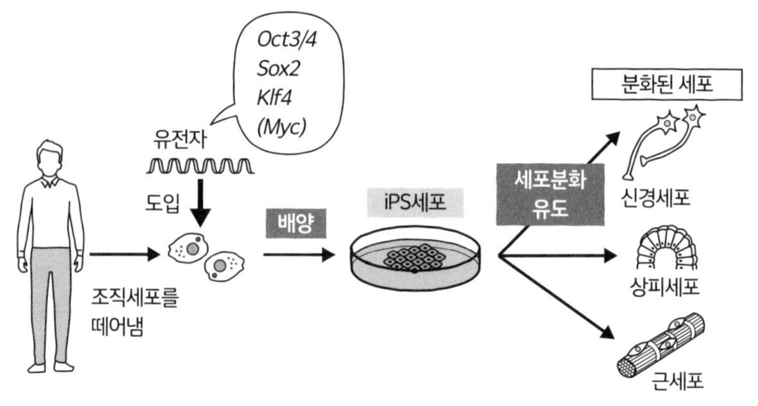

『현대생명과학 제3판』(도쿄대학교 생명과학교과서 편집위원회 편집, 요도샤, 2020)을 토대로 작성.

하고 망막이 되기도 하는 것이죠. 따라서 부족한 부분을 메꾸어줄 수 있는 셈입니다. 야마나카 신야 교수는 이를 발견한 후 6년 만에 노벨상을 수상했습니다. 굉장한 대발견이죠.

예를 들어, 피부로 iPS세포를 만들고 그 세포로 근육을 만들 수 있습니다. 근육이 만들어지면 근육에 이상이 발생한 사람에게 이식할 수 있죠. 신경을 만들어서 치매에 걸린 사람에게 이식한다면 치매가 치유될지도 모릅니다.

iPS세포의 장점은 그 외에도 많은데, 병변이 발생하는 과정을 실시간으로 추적할 수 있다는 점 역시 그중 하나입니다. 이를테면 질병에 걸린 사람으로부터 iPS세포를 만들어 그 세포로 근육을 만든다면 근육에 질병이 어떻게 생겨나는지를 알 수 있겠죠. 그러면 그 세포를 사용해 질병이 발생한 뒤 원래대로 되돌릴 수 있는지, 다시 말해 치료제를 만들어낼 수 있는지를 알아볼 수도 있다는 뜻입니다. 완성된 치료제의 유효성이나 독성 유무를 조사할 수도 있죠. 따라서 iPS세포는 단순한 인체 이식을 넘어서 **실험실에서도 매우 유용한 세포입니다.** 하지만 이를 당장 인간에게 이식하기에는 조금 문제가 따릅니다. 암세포가 되었다간 큰일이니까요. 여러분은 알고 계시리라 봅니다만, iPS세포를 이식했다가 한 사람이라도 암에 걸렸다간 막대한 자금이 끊기게 되므로 지금은 생명이 위급한 사람이나 거부반응이 없는 눈에만 응용되고 있습니다. 암세포화가 가장 두려운 상황이니까요. 안전성에는 주의를 기울여야겠죠.

따라서 현재는 환자 본인의 피부를 이용해서 유전자를 도입, iPS세포를 만들어내는 시도가 진행되고 있습니다. 야마나카 교수의 말에 따르면 **iPS세포의 재고는 일본인의 약 30%를 감당할 수 있다고 합니다.** 요컨대 본인이 아니라도 거부반응이 일어나지 않는 사람으로부터 이식을 받을 수 있게 되었다는 뜻이죠. 또한 **일본에서 지정한 300종의 난치병 중 150종 이상으로부터 iPS세포가 만들어져 있습니다.** 지금까지 치료법이 없었던 질병을 치료할 방법이 생겨날지도 모른다는 말입니다.

iPS세포는 위험하다?

이처럼 대단한 연구입니다만 과학이 발달하다 보면 역시나 윤리적인 문제가 생겨나기 마련입니다. **iPS세포는 유전자 재조합으로, 인간의 유전자를 직접 조작한 결과물입니다.** 유전자를 재조합해서 만들어낸 세포를 몸에 넣어도 되느냐를 두고 다양한 의견이 오가고 있죠. 유전자 재조합 식품이라 하면 꺼려하는 사람도 있잖아요? 유전자 재조합 식품은 먹으면 위에서 소화되어버립니다. 그런데도 문젯거리가 되는데, 하물며 iPS세포는 유전자를 재조합한 세포를 인간의 몸에 넣는 셈이니까요. 보통은 절대로 허락하지 않을 일입니다. '그렇지만 야마나카 교수가 노벨상을 탔으니 괜찮지 않을까'라고 다들 생각하고 계시죠? 하지만 현실적으로는 위험이 따르는 일입니다. 지금부터는 유전자 조작에 대한 윤리적인 문제를 이야기해볼까 합니다. 윤리 문제는 특정한 일부의 의견인 경우가 제법 많습니다. 그러니 여러분은 당연하다 여기는 일이라도 다시 한번 생각해보세요.

유전자 재조합과 iPS세포

유전자 재조합에 반대하는 사람들

유전자 재조합 식품을 예로 들어서 이야기해보죠. 유전자 재조합에 대해서는 제6장도 살펴봐주세요. 유전자 재조합에 반대하는 사람들 중에는 종교적인 이유를 거론하는 사람들이 제법 많습니다. 인간이 인공적으로 DNA를 수정하는 것은 신의 영역에 발을 들이는 행위라며 반대하는 것이죠. 이것이 하나의 입장입니다.

또 다른 경우로 반(反)과학적인 입장에서 반대하는 사람들도 있습니다. 이런 사람들이 왜 유전자 재조합에 반대하느냐, 이를테면 몬산토라는 대기업에서 만들기 때문에 싫다는 사람들이 있죠. 유전자 재조합 식품을 이용해 대기업만이 돈을 벌어들이고 있으니 부자에 대한 반감이 있을 수 있습니다. 지식층의 가르침 따위는 따르고 싶지 않다는 말이죠. 그렇게 해서 반과학으로 접어드는 사람들도 있습니다. 하지만 유전자 재조합이 정말로 위험한지 어떤지는 조사해보면 알 수 있는 일입니다. 유전자 재조합 식품을 먹고 몇 %가 질병에 걸렸는지 조사해보면 되겠죠. 그리고 대부분 조사가 끝났습니다. 유전자 재조합 식품은 모두가 수십 년 동안 섭취해왔지만 그 때문에 병에 걸린 사람은 없었죠. 확률적 사고에 입각하자면 유전자 재조합 식품은 문제가 없음을 알 수 있습니다.

하지만 반대파에는 다양한 사람들이 있음을 알아두는 것 역시 중요합니다. 기억해두세요.

어째서 반대하는지 물어보니

왜 유전자 재조합에 반대하는지 이런저런 회의에서 실제로 물어본 적이 있습니다. 인체에 해를 끼칠지 모른다, 먹으면 알레르기를 일으킬지도 모른다, 유전자 재조합을 거친 식물의 꽃가루가 날려서 예기치 않게 환경에 악영향을 끼칠 가능성이 있다고들 하더군요. 가장 큰 이유는 유전자 재조합이 위험하다기보다는 안전하다고 단언할 수 없기 때문이라고 합니다. 확실히 안전하다고는 말할 수 없겠죠. 하지만 증명하지는 못합니다. 심정적으로 싫은 것뿐이죠. 그런 사람들과는 과학적으로 논의할 수 없습니다. 이런 점이 심히 어려운 문제입니다만, 역시나 반대하는 이유는 따로 있는 것일지도 모르죠. 잘나신 선생님이 거만하게 말하는 모습이 꼴사납다거나, 앞서도 말했듯 대기업만 돈을 쓸어 담는 구조가 싫다거나, 유전자 재조합 식품이 아닌 일반 식품을 비싸게 팔아야 하니 일본에서는 유전자 재조합 식물을 재배하게 놔둘 수 없다는 등, 이러한 이유일 가능성도 충분히 있습니다.

'iPS세포는 OK'라는 모순

그래서 이런 사람들에게 '그럼 iPS세포는 괜찮은가요?'라고 물어보니 iPS세포는 야마나카 교수님이 진행하는 연구니까 괜찮다고 말하더군요. 똑같이 유전자 재조합인데 iPS세포에는 관대하네요. 정말 신기한 일이죠. 저는 굳이 말하자면 유전자 재조합은 딱히 문제될 일이 아니라고 생각합니다. 저렴한 비용으로 다양한 식품을 잔뜩 만들어낼 수 있으니 아프리카처럼 식량이 부족해 곤란에 처한 국가에는 큰 도움이 되리라고 봅니다. 그런데 반대파에 선 사람들은 유전자를 재조합해서 만들어낸 식품을 먹었다간 장에 문제가 생겨 죽게 된다는 논문이 예전에 발표된 적이 있지 않았느냐고 말합니다. 하지만 그 논문은 엉터리였다는 사실이 이후에 밝혀졌죠. 그런데 그 사실을 받아들이지 않고 잘못된 논문을 꾸준히 옳다면서 우기고 있습니다.

그 외에도 EU가 반대하고 있다면서 전혀 스스로는 생각해보지 않은 채 무턱대고 반대하는 사람들이 제법 많습니다. EU의 재판소는

제6장에서 설명할 게놈 편집 식품을 유전자 재조합 식품과 동등하게 취급하기로 결정한 바 있습니다. 유전자 재조합이 위험하니 게놈 편집 역시 위험하다고 말이죠. 그 근거로 든 것이 '방사선 육종 등 기존의 DNA 변이 방식은 문제가 없기 때문'이라는 말이었습니다. 이상하지 않나요? 방사선을 쪼이면 DNA가 마구 바뀌게 됩니다. 그 방식은 인정하면서 새로운 방식은 안 된다는 말인데요. 이유가 뭘까요? 몇 년 넘게 방사선 조사(照射)가 실시되었지만 안전성에는 영향이 없었기 때문이랍니다. 유전자 재조합 식품은 지구 인구의 절반이 수십 년이나 먹어오면서 한 번도 문제를 일으킨 적이 없습니다. 그런데도 EU의 재판소는 이러한 이유를 들면서 반대하고 있는 거죠. 말이 안 됩니다. 과학적이지 않아요. 요컨대 반 이상은 종교적인 이유로 반대하는 셈입니다. 유전자를 자연적인 생물에 도입하는 과정 자체를 문제로 삼는 거죠. 만약 그렇다면 iPS세포에도 당연히 반대해야 합니다. 그런데 iPS세포는 괜찮다니요. 세상에는 희한한 사고방식을 지닌 사람이 참 많습니다.

홍역 백신의 접종

하나 더, 생명윤리의 관점에서 홍역 백신에 대해 살펴보도록 하겠습니다.

백신의 예방 효과

전 세계에서 수천 만 명이 홍역에 걸렸으며 수만 명이 목숨을 잃었습니다. 1980년대는 1년에 2000만 명 정도가 홍역에 감염되어 260만 명 정도가 사망했죠. 지금도 1년에 2000만 명 정도가 홍역에 걸리고는 합니다만 목숨을 잃는 사람은 약 10만 명 정도입니다. 이는 백신 덕분이죠. 백신이 만들어지면 질병을 예방할 수 있습니다. 잘 생각해보면 2000만 명이나 걸려서 200만 명이나 목숨을 잃었다면 코로나19보다도 훨씬 심각한 질병이었던 셈입니다. 이러한 사실을 보자면 코로나19도 최종적으로 어떻게 될지는 아직 모르겠네요.

그런데 이 홍역 백신에 반대하는 사람들이 많습니다. 자녀에게 백신을 맞히지 않으려고 백신 의무화 폐지를 주장하고 있죠. 이건 심각한 문제입니다. 일반적으로 생각해보면 백신을 맞은 이후부터 홍역은 급격히 감소했습니다. 그런데도 내 자식에게는 백신을 맞히지 않겠다는 사람들이 세상에 존재하고 있죠. 백신 의무화에 반대하는 사람들은 자신들의 홈페이지를 만들어서, 십만 명이 넘는 지지자를 끌어들이고는 그 홈페이지를 통해 홍역 백신이 위험하다거나 수많은 백신이 위험하다는 과학 논문만 퍼뜨리고 있습니다. 세상에는 이러한 단체도 있다는 사실을 알아두세요.

접종률이 얼마나 되어야 질병의 확산을 막을 수 있을까

문제 일반적으로 백신을 어느 정도나 맞으면 국내에서의 감염을 억제할 수 있을까요?

현재 일본의 홍역 백신의 접종률은 90%대입니다. 일본은 제법 잘 맞고 있죠. 95% 이상을 넘어가면 대부분의 경우는 질병이 확산되지 않습니다(그림5A). 그런데 95% 이하라면 확산될 가능성이 충분합니다(그림5B). 이것이 백신에 관한 일반적인 사고방식입니다. 따라서 **접종 목표는 보통 95% 이상**이 됩니다. 하지만 백신에 반대하는 사람이 역시나 몇 %는 존재합니다.

홍역 백신 접종에 관해서는 선진국에서도 완강히 반대하는 사람들이 무조건 몇 %는 나오지 않을까요. 그런데 평범한 미국인들 중 3분의 1은 백신 접종에 망설인답니다. 원리적으로 반대하지는 않지만 다들 반대하니 덩달아 내키지 않는다는 사람이 3분의 1 가까이 되는 셈이죠. 그래서 무슨 일이 벌어졌느냐, 홍역이 대유행하고 말았습니다. 이런 사람들이 백신을 맞지 않았다간 접종 목표인 95%를 밑돌게 되어 질병이 확산되고 말 겁니다.

그림5 백신의 접종 목표

질병은 확산되지 않는다

Ⓑ

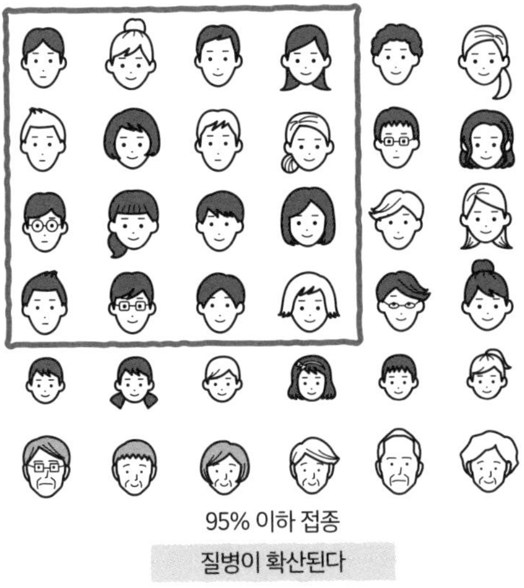

95% 이하 접종

질병이 확산된다

어떠한 의료에도 부작용은 있다

그래서 2019년, WHO는 홍역 백신 접종에 반대하는 것은 세계 보건에 대한 도전이라고 말했습니다. 홍역 백신 접종은 당연한 일임에도 맞지 않겠다는 사람이 있다는 것은 언어도단이라고 발표한 것이죠. 하지만 역시나 반대파의 의견도 들어봐야 하지 않겠습니까? 반대파의 의견을 물어보니, '백신 안에 무엇이 들어있는지 알 수 없다', '백신에 부작용이 있으니까'라고 말합니다. 나중에 다시 언급하겠습니다만, 어떠한 의료에도 부작용은 따릅니다. 특히 코로나19 백신 접종 후의 부작용은 면역 반응에 따른 결과입니다. 당연히 부작용이 생기겠죠. 하지만 그보다도 나은 점이 있기 때문에 백신을 맞는 것이죠. 세상에는 미처 그 생각을 못하는 사람도 있다는 사실을 기억해두세요.

의료와 교육 문제

하지만 모두 사정이 있습니다. 예를 들어, 개발도상국인 예멘이나 베네수엘라에서 홍역이 유행한 이유는 의료 서비스가 제대로 마련되어 있지 않았기 때문입니다. 하지만 선진국은 그렇지 않죠. 선진국, 예를 들어 포르투갈이나 스웨덴의 접종률은 95%로, 역시나 백신의 중요성을 잘 파악하고 있습니다. 백신에 대한 접근성이 좋으며 교육이 잘 되어 있으면 모두가 백신을 맞겠지만 미국의 일부 지역 같은 경우는 백신을 맞지 않겠다는 사람이 제법 있습니다. 영국에서도 런던의 저소득층 거주 지역에서는 접종률 저하 현상이 발생하고 있죠. 조사해본 결과, 아동들 중에서 3분의 1이 주소가 바뀌어 있었으며 연락이 되지 않았습니다. 이런 지역에서는 감염병이 쉽게 유행할 수밖에 없겠죠.

백신이 원인이다?

정리하겠습니다. 인간에게는 신념이 있고, 그 신념을 바꾸기란 좀처럼 쉽지 않습니다. 백신은 안전하다, 보통은 그렇게들 생각하시겠죠. 백신을 맞더라도 보통은 아무런 일도 벌어지지 않습니다. '그러면 되었지'라고 모두가 생각하지만 가끔씩 몇 백 명, 몇 천 명 중에 한 명이 백신을 맞고 질병에 걸리기도 합니다. 본디 의료란 그러합니다. 그럴 때는 어쩔 수 없는 일이라 단념할 수밖에 없습니다만, 문제가 되는 경우는 백신을 맞은 아이가 자폐증에 걸리는 등의 경우일 겁니다. 인과관계? 그건 모르는 일이죠. 처음부터 자폐증에 걸리기 쉬운 상황이었는지도 모르고, 정말로 백신을 맞았기 때문일지도 모릅니다. 하지만 둘 중 어느 쪽이었든 백신을 맞은 뒤 자폐증에 걸렸다면, '백신은 안전하지 않다!'라는 목소리가 대대적으로 확산되고 말죠. 그러나 대다수의 사람이 백신 덕분에 홍역에 걸리지 않았다 하더라도 그 사실은 아무도 모르고 뉴스로 보도되지도 않습니다. 자폐증에 걸리지 않는 경우가 일반적이지만 우연찮게 발생했을 경우에는 그 의견이 확산되면서 대다수가 접종을 피하게 된다는 말입니다. 그러면 심각한 홍역이 유행하게 됩니다. 대가를 치르는 셈이죠.

위험성을 웃도는 이점

실제로 뉴욕의 정통파 유대교도나 캘리포니아 남부의 사립학교, 미니

애폴리스의 소말리아 이민자들은 다양한 이유를 들어 다수가 백신을 맞지 않겠다고 했고, 결과적으로 홍역이 크게 유행했습니다. 일반적으로 백신에는 위험성을 웃도는 이점이 있습니다. 확률로 계산해보면 알기 쉽습니다. 하지만 그 사실을 알아주지 않죠. 어떤 근거든 모두 확률입니다. 비흡연자라도 폐암에 걸리는 경우가 있습니다. 반대로 흡연자인데도 폐암에 걸리지 않는 경우가 있겠죠. 하지만 흡연자가 폐암에 걸릴 확률이 비흡연자가 폐암에 걸릴 확률보다 높으니 담배를 피우지 않는 편이 낫다는 겁니다.

백신의 경우도 마찬가지입니다. 백신을 맞은 후에 자폐증이 판명되었을 경우, 그 사회는 백신이 자폐증을 유발한다는 결론을 내리기 마련입니다. 이는 범인을 찾아내야만 배상금을 받을 수 있기 때문일지도 모릅니다. 이유를 알 수 없을 때는 배상금을 타내기 위해 뭔가에 책임을 떠넘기려 하죠. 흔한 일입니다. 실제로는 모르는 것이 당연합니다. 우연히도 그렇게 된 것이죠. 하지만 우연히 발생한 일이어서는 아무것도 해결되지 않기 때문에 곧잘 범인 찾기가 벌어지는 겁니다.

인플루엔자도 똑같습니다. 백신을 접종하더라도 인플루엔자에 걸리는 경우가 있고, 맞지 않더라도 걸리지 않는 경우가 있습니다. 하지만 수많은 사람을 모아놓으면 역시나 백신을 접종한 쪽이 접종하지 않은 쪽에 비해 인플루엔자에 잘 걸리지 않습니다. 이는 확률의 문제입니다. 건강상 이점이 있기 때문에 모두가 백신을 맞는 것이죠.

책임감을 갖고 선택하자

자, 이번 결론은 아주 중요합니다. **어떠한 근거든 확률에 따라 주어지는 법입니다.** 확률을 이해하지 못하는 사람은 손해를 보게 되죠. 하지만 어느 나라든 이러한 사실을 이해하지 못하는 사람이 반수를 차지합니다. 따라서 결론적으로 반백신파는 훌륭한 근거를 놓치게 되겠죠. 이는 결국 사회적 손실로 이어집니다. 중요한 점은 **백신을 맞지 않는 사람이 있으면 질병이 확산된다는 사실입니다.** 공공의 복지에 반하는 행동이죠. 그래서 강제적으로 백신을 접종시키는 그런 나라들이 많은 것입니다.

자, 여러분은 어떻게 생각하십니까? 잘 생각해보세요. 가장 중요한 것은 **자신의 머리로 사실을 똑바로 이해하는 일**입니다. 백신을 맞으면 몇 %의 확률로 부작용이 발생하는지, 백신을 맞지 않으면 몇 %의 확률로 감염되는지 반드시 알아두세요. 두 번째로 중요한 것은 이해한 연후에 **백신의 접종 여부를 당신 스스로 결정하는 것입니다.** 당연하겠죠. 하지만 맞지 않으면 타인에게 폐를 끼치게 될 우려가 있습니다. 국가에 따라서는 벌칙이 부과되기도 할 테죠. 그래도 상관없겠느냐는 말입니다. 홍역 백신의 안전성이나 부작용이 벌어질 확률은 모두가 정확히 알고 있어야만 합니다.

그러니 반대하시는 분들, 반대하시는 본인은 상관없을지도 모르지만 그렇다 해도 선택에는 책임이 뒤따릅니다. 타인을 끌어들여 공공

복지에 해를 끼칠 우려는 충분하다는 뜻이죠. 이 사실을 똑똑히 머릿속에 새겨두세요.

백신을 모두가 맞으려면

코로나19가 팬데믹으로 발전한 지금의 이런 상황에서까지 백신에 반대하는 사람은 없으리라 봅니다만, 개중에는 백신을 맞지 않기로 선택한 사람이 있을지도 모릅니다. 어떡하면 좋을까요. 백신에는 필히 부작용이 따릅니다. 백신뿐만 아니라 모든 의료행위에는 부작용이 있죠. 따라서 장점과 단점을 저울질해야만 합니다.

백신의 접종률을 높이려면 어떻게 해야 좋을까, 다양한 방법이 있습니다. 간단한 해결법은 법률로 백신 접종을 규정하면 됩니다. 그것이 첫 번째 방법이겠죠. 또 하나는 철저한 교육으로 백신의 중요성을 가르치는 것입니다만, 이는 어려운 일입니다. 아무리 교육을 시킨들 어느 국가에나 반수에 가까운 반대파가 존재하기 마련입니다. 미국의 어떤 지역에서는 접종하지 않은 아이를 학교에서 받아들이지 않거나, 부모에게 벌금을 부과하기도 합니다. 그러지 않으면 공공복지 전체에 위해를 끼치게 되니까요. 하지만 어디 좋아서 하는 일일까요? 보통은 역시나 교육이나 대화를 통해 이해시켜야만 하는 일이죠.

이번 코로나19뿐만 아니라, 예를 들어 대단히 사망률이 높았던

MERS는 사망률이 30%를 넘겼던 바 있습니다(→제0장). 만약 그런 질병이 유행한다면 백신 없이는 상황에 대처할 수 없습니다. 그런 상황에서 백신에 반대하는 사람이 나온다면 무시무시한 일이 벌어지고 말겠죠. 그래서 현 시점에서 다양한 대책을 강구해두어야 함을 알 수 있습니다.

문제 홍역 백신이나 자궁경부암 백신에 반대하는 사람이 많은 이유는 무엇일까요?

결과론이지만 반대파는 사실 고학력자나 여성들에게서도 많이 찾아볼 수 있었습니다. 이유를 생각해봅시다. 아마도 이런 이유에서가 아닐까요? 부작용이나 위험성에만 유독 눈길이 쏠려 장점 쪽으로는 시선이 미치지 못하는 겁니다. 확실히 백신을 접종하더라도 장점은 전혀 체감되지 않습니다. 질병에 걸리지 않았을 뿐이니 보통 사람들은 전혀 장점을 떠올리지 못하겠죠. 특히 백신 접종을 꺼리는 사람은 우습게도 모두가 '나만큼은 질병에 걸릴 리 없으니 백신을 맞을 필요가 없다'라고 말합니다. 저 혼자만 자신이 있는 거죠. 신기하네요. 고학력자들 중에는 독신이 많아서인지 자신이 일하지 못하게 되었을 때의 위협을 과대평가합니다. 한편으로 여성이 백신을 꺼리는 이유는 대부분 '자녀가 피해를 입으면 어떡하나' 하는 마음 때문입니다. 그래서 부작용이 없는 것을 추구하는 경향이 강한 것이죠. 하지만 앞서도 말씀드렸지만 부작용이 없는 것은 존재하지 않습니다. **모든 의료행위에는 부작용이 따릅니다.**

여기서 결론입니다. 이제 곧 끝납니다. 의료란 위험성을 웃도는 이익을 얻기 위한 트레이드 오프*입니다. 수술도 그렇지 않나요? 수술에는 필히 위험이 따르지만 수술을 하면 치유되는 경우가 많기 때문에 다들 수술을 받습니다. 그런데 백신은 대부분의 사람들이 그 작용을 감지하지 못하죠. 아마도 이익이 따를 겁니다. 하지만 백신 덕분에 질병에 걸리지 않았음에도 자신에게는 아무런 일도 일어나지 않기 때문에 이를 깨닫지 못합니다. 부작용이 발생한 사람만이 손해를 입은 것처럼 느끼게 되죠. 그래서 백신을 거부하는 겁니다. 그러다 부작용이 생긴 사람이 안쓰럽게 여겨지면서 매번 범인 찾기가 시작되죠. 하지만 그건 잘못된 일입니다. 이런 범인 찾기가 벌어져서는 안 됩니다. 부작용을 일으키는 사람은 나올 수밖에 없으니 중요한 것은 그에 대한 대응책이겠죠.

문제 부작용에 대한 해결책을 생각해봅시다

* trade off: 두 정책 목표 중 하나를 달성하고자 하면 다른 목표의 달성이 늦어지는 상황을 가리킨다.-옮긴이

마지막 질문입니다. 여러분은 알고 계신가요? 백신은 부작용이 나올 수밖에 없습니다. 그래서 의료 종사자, 제조자 모두 부작용에 관한 의료소송에서 면책을 받게 됩니다. 당연하죠. 그래야만 합니다. 하지만 부작용을 일으킨 사람은 안타깝게도 교통사고를 당한 거나 마찬가지이니 이러한 사람들을 구제하기 위해 모두로부터 백신 비용을 적립해 보상 제도를 확립하는 것입니다. 이런 해결책이 있습니다. 자, 이번 이야기는 여기까지입니다.

정리

- iPS세포의 연구가 진행된다면 지금까지 치료법이 없었던 질병을 치료할 수 있을지도 모릅니다.

- iPS세포와 유전자 재조합 식품은 모두 유전자를 도입하는 기술이 사용된다는 점에서 동일합니다.

- 어떠한 의료 활동이든 모두 부작용이 있으므로 근거를 확률적으로 판단하는 것이 중요합니다.

- 백신을 맞지 않는 사람이 있으면 질병이 확산되고 맙니다(접종 목표는 95%).

제 5 장

환경과 생물, 방사능

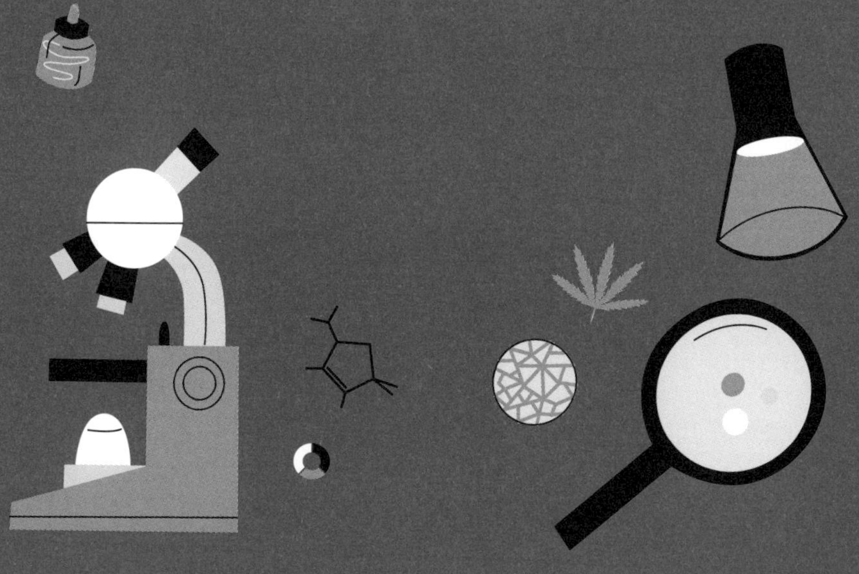

생물은 어디에서 왔을까?

이번에는 환경과 생물에 대해 이야기해보고자 합니다. 과거, 찰스 다윈(1809~1882)이 세계를 일주하고 그 과정에서 갈라파고스 제도를 발견했습니다. 그곳에서 살아가던 흥미로운 생물들을 보고 진화론을 주장했죠. 이번에는 이런 이야기부터 시작하겠습니다.

그림1은 남아메리카입니다. 바다 너머로 화산에서 생겨난 십여 개의 섬으로 이루어진 갈라파고스 제도가 보입니다. 그곳에는 코끼리거북이나 이구아나 등, 다른 지역에서는 찾아보기 힘든 특수한 생물이 살고 있음이 알려져 있죠. 코끼리거북은 스페인어로 갈라파고(galápago)라고 합니다. 여기서 갈라파고스라는 이름이 붙었죠.

문제 **이 생물들은 어떻게 갈라파고스 제도까지 왔을까요?**

라고 묻는다면 다들 뜻밖에도 잘 대답하지 못합니다. 갈라파고스 제도는 아무것도 없던 곳에서 화산 폭발을 통해 생겨났으니 애당초 생물은 존재하지 않았습니다. 그렇다면 어떻게 된 일일까요? 바다를 헤엄쳐서 왔거나 하늘을 날아서 왔으리라는 생각이 가장 먼저 들 겁니다.

옛날에 비브라는 사람이 코끼리거북을 바다에 던져보니 코끼리거

그림1 갈라파고스 제도

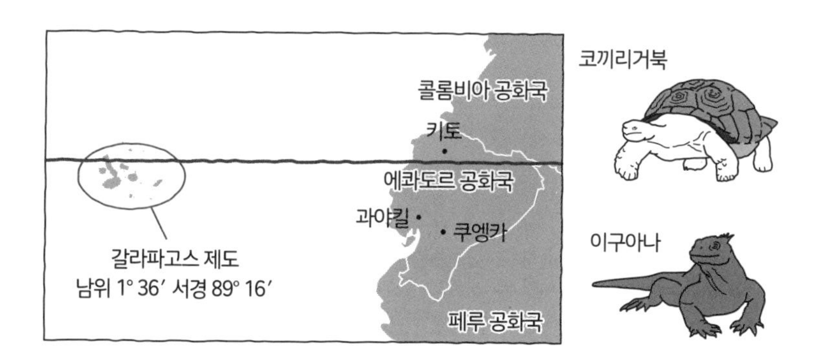

북은 물에 빠져 죽고 말았습니다(가엾네요. 지금 이런 짓을 했다간 큰일 납니다). 이렇게 해서 코끼리거북은 헤엄치지 못한다는 사실이 밝혀졌죠. 그렇다면 생물은 어디에서 왔는지가 문제입니다. 날아서 왔을까요? 하지만 가장 가까운 육지와 1000km 이상 떨어져 있기 때문에 그랬을 리는 없죠. 그렇다면 결론은 하나뿐입니다. 그림2가 바로 힌트입니다.

① 과야스강 연안의 동식물은 갈라파고스와 흡사합니다

② 훔볼트 해류가 흐르고 있습니다

알아차리셨나요? 과야스강 연안에 서식하는 동식물의 씨앗이나 알이 훔볼트 해류를 따라 표착했다는 것이 정답입니다. 홍수가 발생했을 때 뭔가를 타고 떠내려 온 것이죠. 이런 식으로 지식을 짜 맞추어

그림2 힌트

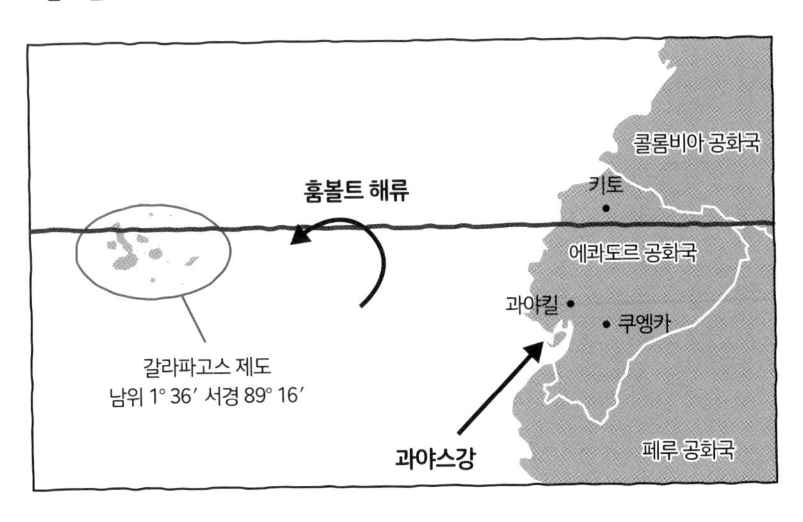

서 새로운 것을 만들어내는 논리적 사고력이 대단히 중요합니다. 어떠한 상황에서도 두뇌를 회전시켜야만 하죠. 실제로 쓰러지거나 부러진 나무들이 과야스강을 타고 갈라파고스까지 도착한 사례가 있어 그런 일이 실제로 발생할 수 있다는 사실이 이후에 밝혀졌습니다.

환경에 적응한 생물이 살아남는다

그렇다면 환경이 어떤 식으로 진화에 영향을 미치는지 살펴봅시다. 다윈은 갈라파고스 제도에 다양하게 생긴 부리를 지닌 핀치라는 새가 살고 있음을 발견했습니다(그림3). 각각의 섬에 따라 서식하는 핀치

그림3 다윈핀치류의 계통

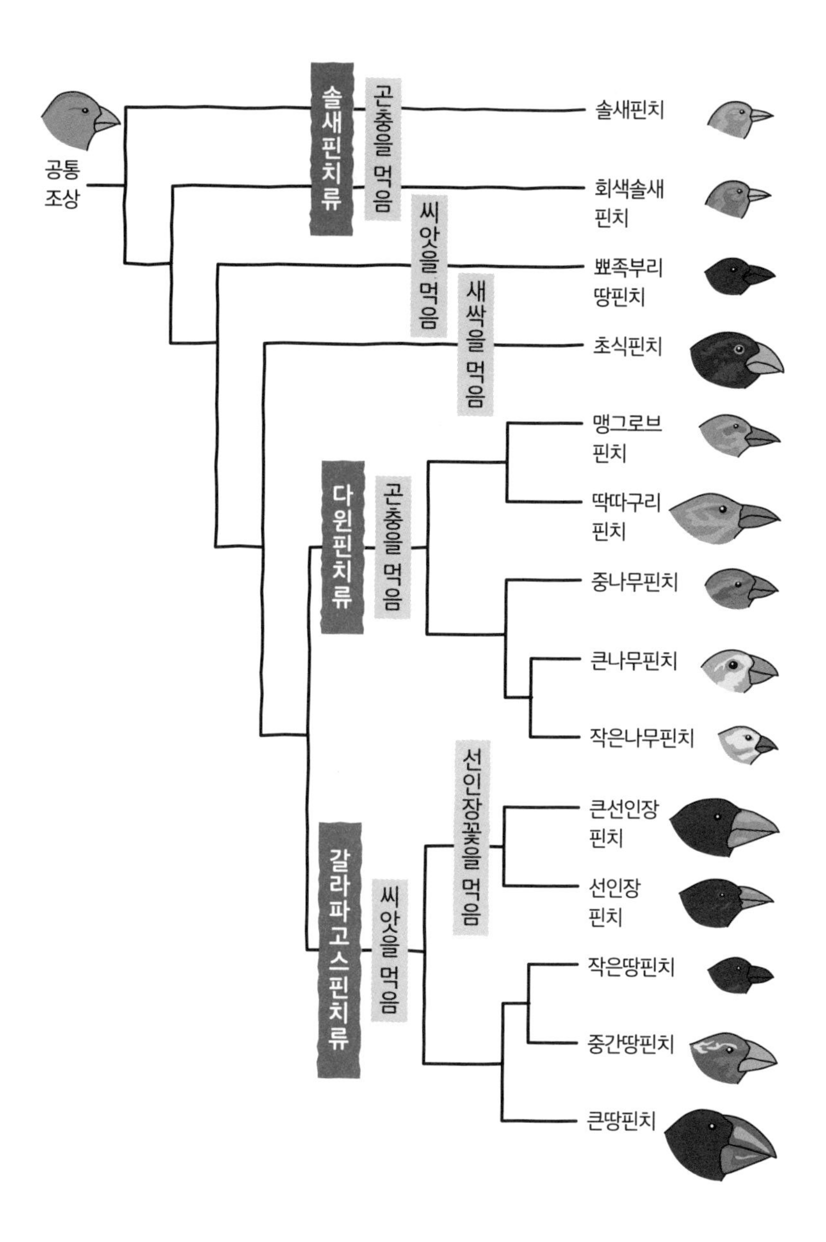

의 종류가 달랐죠. 자세히 살펴보니 부리가 작고 가느다란 핀치는 작고 부드러운 씨앗을 먹고 있었습니다. 반면 부리가 크고 굵은 핀치는 크고 단단한 씨앗을 먹는다는 사실을 알아냈죠. 이는 다시 말해 적응방산(adaptive radiation)이라 해서, **식생과의 관계에서 적응한 생물이 살아남는다**는 사고방식입니다. 다윈이 생각해낸 진화의 한 갈래죠. 즉, 환경에 대한 적응이 진화를 불러일으킨다는 말입니다.

그런데 문제는 지금부터였습니다. 실제로 조사해보니 **부리가 큰 핀치 역시 작고 부드러운 씨앗을 먹고 있었던 것입니다.** 그야 그럴 만도 하죠. 작고 부드러운 씨앗이 더 맛있는데 굳이 힘들게 크고 단단한 씨앗을 먹을 필요가 있을까요. 이론과는 다르지 않느냐고 생각하실지도 모르겠습니다만, 아니었습니다. 섬에 가뭄이 들자 부리가 큰 핀치는 크고 단단한 씨앗을 먹기 시작했습니다. **부리가 큰 핀치는 평소에는 작고 부드러운 씨앗을 먹다가 먹을 것이 없어졌을 때는 역시나 크고 단단한 씨앗을 먹는다는 사실이 밝혀졌죠.** 이러니 무엇이든 자세히 관찰해봐야 하는 겁니다.

어떤 개체가 생존에 유리할까?

그리하여 갈라파고스 제도에서 핀치의 부리 크기가 섬에 따라 얼마나 다른지를 조사했습니다. 재미있게도 핀타·마르체나섬에는 중간형

그림4 섬마다 다른 부리의 크기

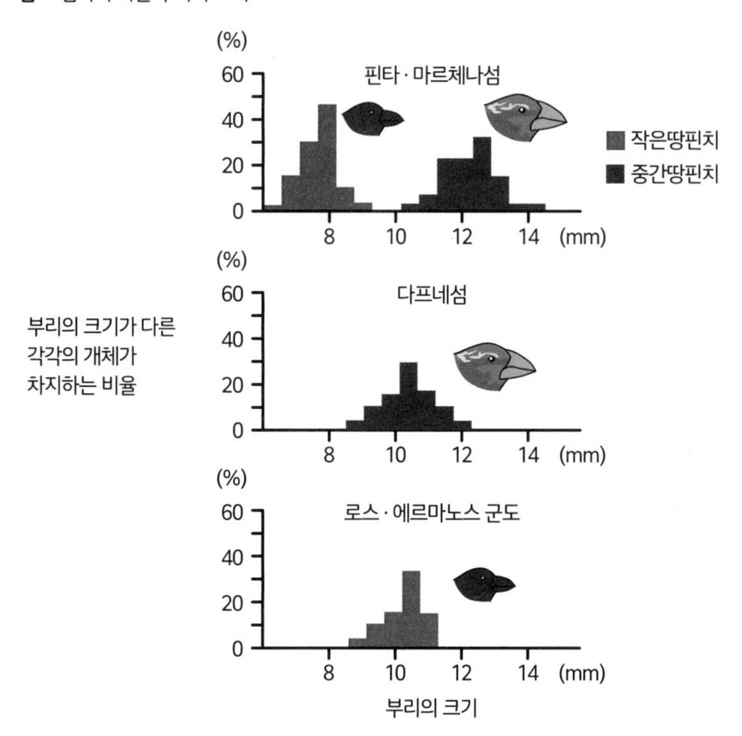

이 없었습니다. 부리가 큰 핀치(중간땅핀치)와 부리가 작은 핀치(작은땅핀치)로 나뉜다는 사실이 밝혀졌죠(그림4). 이를 분단성 선택(disruptive selection)이라 하는데, 서로 다른 다양한 부리를 지닌 개체가 있더라도 중간형보다는 양극단에 위치한 개체가 더 유리하기 때문에 이들이 살아남게 된다는 뜻입니다. 이는 하나의 섬에 두 종이 서식하는 경우죠.

그런데 다프네섬이나 베네수엘라의 로스·에르마노스 군도에는 둘 중 하나의 종밖에 살고 있지 않았습니다(그림4). 한 종뿐일 경우는 놀랍게도 모두가 중간형이 된다는 사실이 밝혀졌죠. 중간형이 된 쪽은 두 종류의 씨앗을 모두 먹을 수 있습니다. 즉, **한 종뿐인 경우에는 중간형이 되지만 두 종일 경우는 둘로 나뉘어 각자 자신 있는 먹이를 먹는다**는 사실이 밝혀진 것이죠.

인간도 환경에 적응했다?

이처럼 환경에 적응한 다양한 사례가 있습니다. 인간이 환경에 적응한 예로는 평균 기온이 높은 곳에 거주하는 사람일수록 매운 향신료를 즐긴다는 사실이 있습니다. 인도처럼 더운 지방에서는 카레를 즐겨 먹지만 추운 곳에서는 잘 먹지 않죠. 추운 곳에서 먹어야 더 몸이 따뜻해지니 좋지 않겠느냐 싶으시겠지만 그렇지 않습니다. 더운 지방일수록 세균이 번식하기 쉬우므로 살균작용이 있는 향신료를 즐겨 먹게 된 것으로 추측됩니다. 환경에 적응한 재미있는 사례죠.

먹이의 변화에 따른 적응

주둥이의 길이

환경에 적응한 사례는 그 외에도 많습니다. 그림5는 노린재입니다. 노린재는 과일 안에 주둥이를 꽂아서 안에 든 씨앗을 먹습니다. 왼쪽의 동그란 과일의 경우에는 씨앗까지 주둥이가 닿지 않기 때문에 주둥이가 길어야 하죠. 그런데 어느 날, 이 식물 자체가 오른쪽처럼 작아지고

그림5 환경에 대한 적응

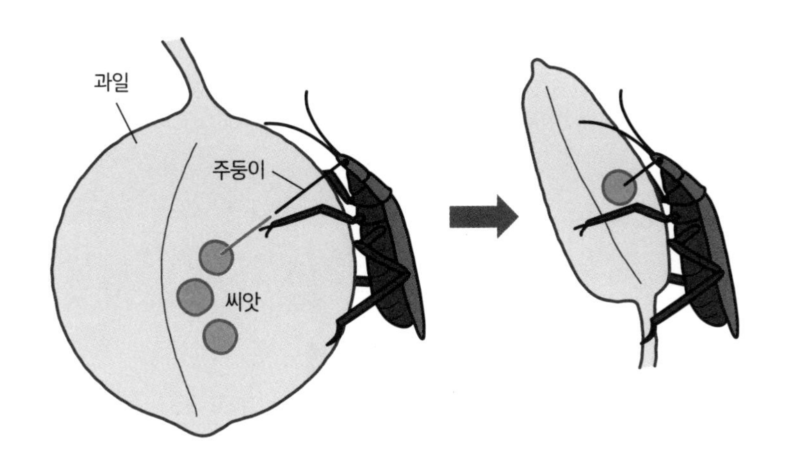

말았습니다. 식물 자체가 작아지자 짧은 주둥이를 지닌 노린재가 더 적응력이 강해지면서 살아남는 숫자도 점차 늘어났습니다. 이렇게 먹이의 변화에 따라서 적응하는 경우도 있죠.

아밀레이스 활성

문화에 따라서 유전자가 도태되는 현상에도 유명한 사례가 많습니다. 쌀(고전분식)을 많이 먹는 지역의 사람들과 그렇지 않은 지역의 사람들은 아밀레이스(전분을 분해하는 효소) 유전자의 개수부터 다르다는 사실이 알려져 있죠.

아밀레이스 활성이 높으면 인슐린이 분비되지 않게 되어 살이 덜 찌

그림6 일본인의 아밀레이스 유전자의 다형

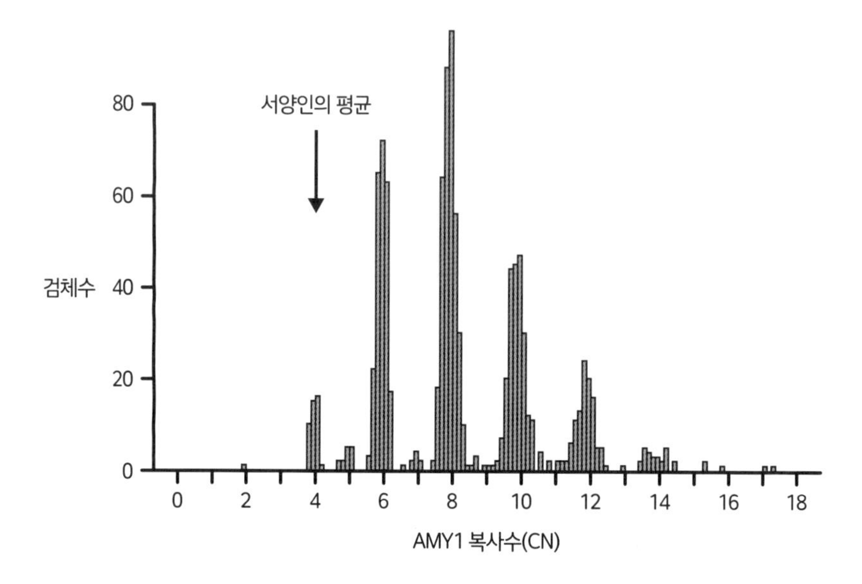

Nagasaki M, et al:Nature ommunication, 6:8018, 2015를 토대로 작성

게 됩니다. 그림6은 일본인의 아밀레이스 유전자 다형으로, 아밀레이스 유전자가 얼마나 존재하는지가 나타나 있습니다. 쌀을 많이 먹는 일본인은 서양인에 비해 많은 아밀레이스 유전자를 보유하고 있음이 알려진 바 있습니다. 쌀을 많이 섭취하는 지역에서는 이 유전자를 많이 보유한 사람이 아밀레이스의 활성도가 더 높아져서 살이 잘 찌지 않게 되고, 따라서 살아남을 확률도 높아지게 되죠.

우연히 발생하는 진화

우연에 따른 진화의 사례도 있습니다. 그림7을 보면 다양한 종류의 개구리가 있는데, 우연히도 A라는 종의 개구리가 줄어들거나 B라는 종

그림7 유전적 부동과 자연선택설

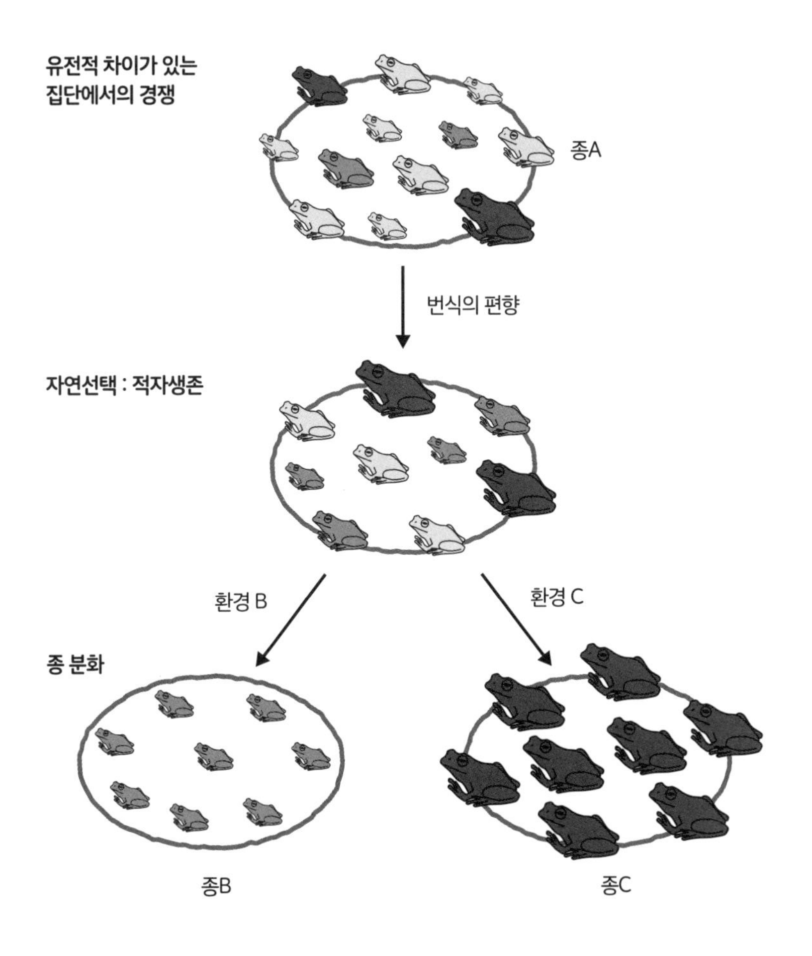

의 개구리가 늘어나는 경우가 벌어질 수 있습니다. 이를 **유전적 부동(浮動)**이라고 합니다. 경우에 따라서는 유전적 부동을 통해 비율이 변하게 됩니다. 비율이 변했다면 어느 날 B라는 종의 개구리가 살아남기 유리한 유독 특수한 환경으로 바뀌었을 때에는 B만이 살아남게 됩니다(왼쪽). 반대로 C라는 종의 개구리가 살아남기 유리한 환경으로 바뀐다면 C만이 살아남게 되죠(오른쪽). 이러한 적자생존을 통해 진화가 벌어지는 것을 자연선택설이라고 하는데, 이는 우연에 따른 결과물입니다. 유전적 부동이 발생하면서 왼쪽으로 갈지, 오른쪽으로 갈지가 결정되는 셈이죠.

가뭄으로 인한 생태계의 진화

예를 들어, 어느 섬에서 가뭄이 들었다고 가정해보겠습니다. 가뭄이 발생하면 식물층에 영향을 끼치게 됩니다. 당연한 일이죠. 문제는 이것이 식물을 먹이로 삼는 새의 진화에도 영향을 끼친다는 사실입니다.

갈라파고스의 다프네섬에는 섬 전체에 1000마리의 핀치가 살고 있었지만 환경의 변화로 180마리까지 줄어들고 말았습니다. 마릿수가 확연하게 줄어든 셈이죠. 어떤 식으로 줄어들었느냐, 부리 크기의 변화를 따랐습니다(그림8). 원래는 중형 땅핀치가 살고 있었지만 가뭄이 들었을 때에는 부리가 작은 핀치가 늘어났습니다. 그러다 비가 많이

그림8 부리 크기의 변화

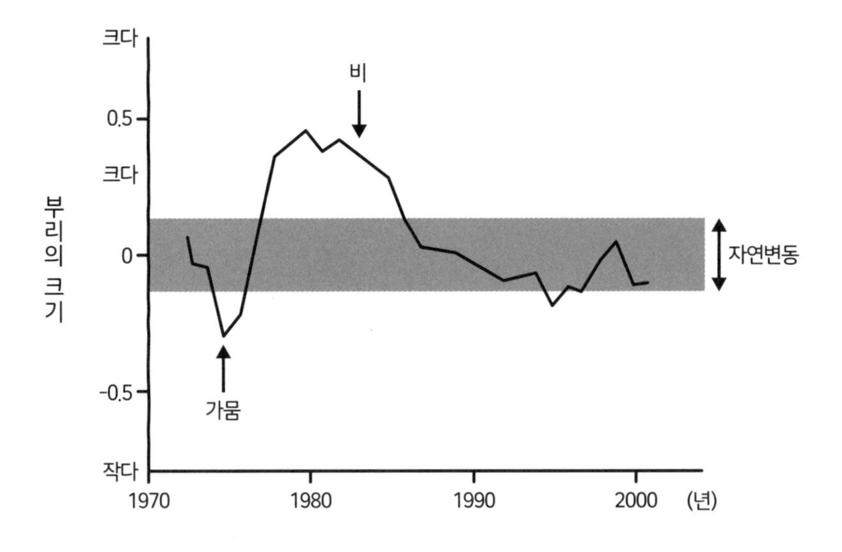

『케인 생물학 제5판(ケイン生物学 第5版)』(우에무라 신고 감역, 도쿄화학동인, 2014)을 토대로 작성.

내려서 식물이 부쩍 늘어나고 씨앗이 잔뜩 맺히자, 커다란 씨앗이 생겨났기 때문에 자연선택의 결과 부리가 큰 핀치가 늘어났습니다. 이는 **몇 년 단위로 극적인 진화가 발생한** 셈입니다. 몇 만 년이 아니라 의외로 짧은 기간 동안 이러한 진화가 벌어질 가능성이 있음이 밝혀졌죠. 비가 내리자 가뭄에 내성을 지닌 대형 식물을 먹을 수 있는 종이 살아남게 된 것입니다.*

* 이 부분은 저자의 오류로 보인다. 이 일화의 실제 소재로 추정되는 그랜트 부부의 연구에서는 정반대로 가뭄이 들었을 때 부리가 큰 핀치가 늘어났으며, 비가 내려 먹이가 풍부해지자 부리가 작은 핀치가 늘어났다.-옮긴이

생식격리의 발생

이번에는 초파리에 관한 이야기입니다. 초파리는 당분이 있으면 성장하는데, 전분 먹이로 키운 초파리와 말토스(맥아당) 먹이로 키운 초파리를 같은 곳에서 사육하면 어떻게 되는지 실험을 진행했습니다. 결론은 간단했는데, 전분으로 키운 암컷은 전분을 먹고 자란 수컷을 선택하는 경향을 보였습니다. 반대로 말토스를 먹고 자란 암컷은 말토스를 먹고 자란 수컷을 선택하는 경향을 보인다는 사실이 밝혀졌죠. 결론적으로 초파리는 자신과 같은 먹이를 먹고 자란 초파리와 교미하기를 선호함이 밝혀졌습니다. 뭔가 냄새라도 나나 봅니다.

이처럼 **장소를 바꾸지 않고 같은 곳에 있더라도 같은 부류끼리 생식하는 경우**를 생식격리라 부르는데, 이는 생식격리가 아주 명확하게 발생한 사례가 되겠습니다.

유전자 발현의 변화

대상을 대장균으로 바꾸어보면 훨씬 굉장한 일이 벌어집니다. 대장균도 당을 이용합니다. 그림9처럼 락토스(젖당)에서 아라비노스로 당을 바꾸어 대장균의 유전자 발현을 알아보았습니다. 락토스로 키워보니 락토스를 이용할 수 있는 대장균이 늘어났죠. 즉, 락토스 분해효소

그림9 환경의 변화에 적응한 유전자 발현

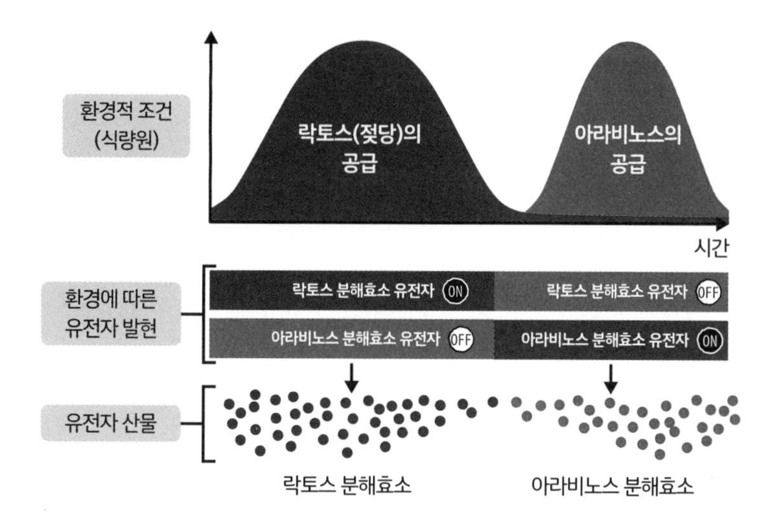

『케인 생물학 제5판』(우에무라 신고 감역, 도쿄화학동인, 2014)을 토대로 작성.

유전자에 스위치가 켜진 셈입니다. 주변에 락토스가 있으면 락토스를 이용해야만 하므로 락토스를 이용할 수 있는 분해효소 유전자가 켜지는 것이죠. 아라비노스 분해효소 유전자는 꺼집니다. 그런데 주변에 아라비노스만 남게 되면 아라비노스를 이용할 수밖에 없으므로 이번에는 아라비노스를 이용할 수 있는 유전자가 켜지고 락토스를 이용하는 유전자는 반대로 꺼지게 됩니다. 이처럼 **환경적 조건에 따라 유전자의 스위치가 온에서 오프로 바뀐다는 사실이 밝혀졌습니다.** 이는 어째서 환경에 따라 진화가 벌어지는지에 대한 쉬운 설명이 되겠습니다. 환경은 꽤나 중요한 요소라는 뜻이죠.

인류의 증가

지금까지 다양한 생물의 진화와 환경에 대해 배워보았습니다만, 좀 더 광범위한 지구 환경에 관한 이야기를 해보도록 하겠습니다. 3억 년 전, 지구의 모든 육지는 이어져 있었지만 하나 둘 대륙이 떨어져 나오면서 지금의 지구와 같은 형태가 되었습니다. 대륙이 움직인다는 사실을 어딘가에서 배우셨을 겁니다. 그렇다면, 그 안에서 살고 있는 인류의 인구는 어떻게 될까요? 궁금하시죠?

모두 이 예시를 통해서 설명할 수 있을 겁니다. 초파리를 병 안에 넣어서 기릅니다. 일정한 양의 먹이만을 준다면 초파리는 처음에는 점점 늘어나겠지만 어느 시점부터 수평선을 그리며 그 이상 늘어나지 않게 됩니다. 인간 역시 그렇게 되지 않을까요. 인간의 숫자 역시 점점 늘어나겠지만 어느 시점부터 먹을 것이 없어지면 초파리처럼 일정해지리라고 예상된다는 뜻입니다. 그럼 지금은 어느 시점에 와 있을까요. 2020년 기준으로 지구에는 대략 78억 명 정도가 살고 있습니다. 쭉쭉 늘어나고 있는 시점으로, 아직은 수평선에 도달하지는 않았죠. 이대로 가면 지구상의 인구는 90억 명이나 100억 명을 넘을 수도 있을 것으로 예상됩니다. 그러려면 먹을 것을 더 생산해야만 하겠죠. 이러한 점이 장기적인 문제입니다. 따라서 게놈 편집 식품이 주목을 끌고 있습니다. 게놈 편집 식품에 대해서는 제6장을 봐주세요.

지구온난화

지구의 환경은 이산화탄소의 증가로 악화된 상황입니다. 지구상의 이산화탄소 농도는 직선상으로 높아지고 있습니다(그림10A). 큰일이죠. 1년 간격으로 깔쭉깔쭉하게 높아지고 있군요. 북반구의 여름철(6, 7월경) 이산화탄소 배출량을 살펴보면 광합성이 왕성하게 발생해 이산화탄소 배출량이 낮아집니다. 반대로 겨울에는 올라가므로, 상승과 하강을 반복하며 점점 높아지다 지금은 400ppm을 돌파한 상황입니다. 그런데 좀 더 길게, 수만 년 단위로 이산화탄소의 농도를 측정해보면 올라가기도 하고 내려가기도 하고 있습니다. 여기서 꾸준히 늘어날지 어떨지는 알 수 없는 일이죠.

지구의 기온은 지구의 궤도로 결정됩니다. 궤도는 태양 주변을 도는 경로를 가리키죠. 즉, 빙하기가 왔는가 아닌가를 기준으로 보자면 지구의 기온과 이산화탄소의 농도는 대개 비례하고 있습니다. 그렇다면 지구온난화란 실제로 벌어지는 일일까? 기온이 높아지는 이유는 간빙기여서 아닐까? 이렇게 말하는 사람도 있죠. 하지만 대기 중의 이산화탄소가 높아지고 있는 것은 분명합니다(그림10A). 산업혁명을 통해 대기 중에 이산화탄소 농도가 높아졌기 때문에 온난화가 발생한 것으로 모두 추정하고 있습니다.

그림10 이산화탄소의 농도, 기온의 변화

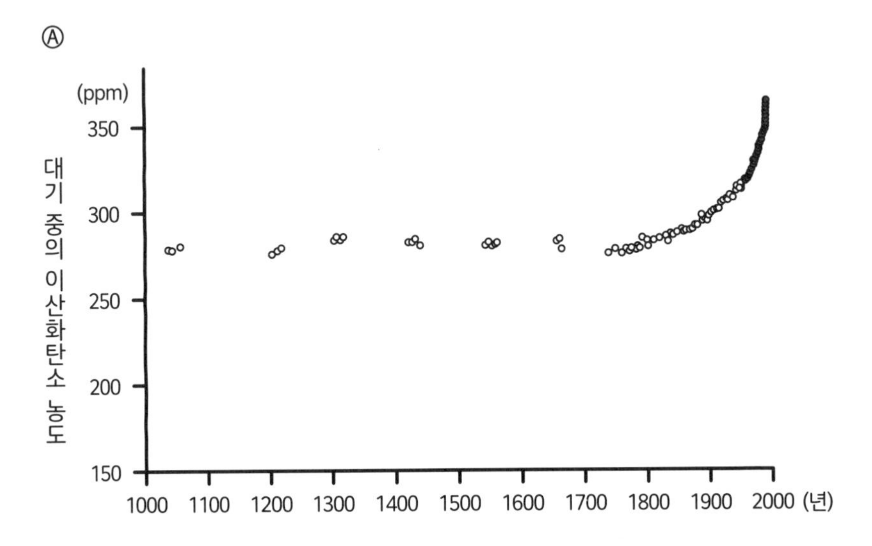

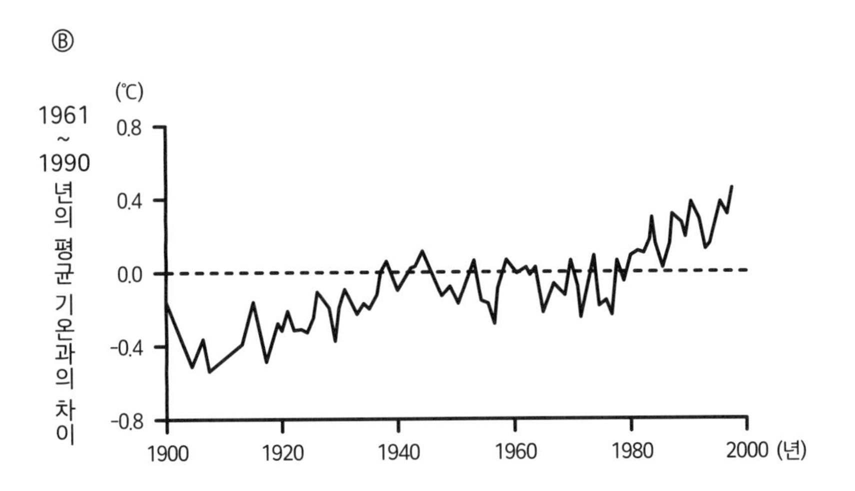

IPCC 제3차 평가보고서를 토대로 작성.

문제 지구온난화의 이유는 무엇일까요?

라고 묻는다면 정답은 인간의 경제활동입니다. 따라서 지구온난화는 우리 인간이 안락하게 살아온 대가가 지금 되돌아온 셈이니 별 수 없는 일이겠죠. 온난화가 문제라며 과거로 돌아가라는 사람이 있겠습니까마는 과거로 돌아간다는 것은 불가능합니다. 이만큼 풍족한 생활을 누릴 수 있었던 이유는 과학의 발전뿐 아니라 인간의 다양한 활동 때문인데, 이제 와서 과거로 돌아가라는 논의는 말이 안 됩니다. 평균적으로 보자면 지구온난화는 서서히 진행되고 있다는 것이 정론일 겁니다(그림10B). 도시별로 따졌을 때에는 거의 변화가 없지만 평균적으로 본다면 온난화는 현재 진행형입니다.

그렇다면 문제를 내보겠습니다. 지구온난화로 초래되는 문제는 해수면 상승으로, 예를 들어 남태평양의 투발루라는 국가는 국가 전체가 수몰될지도 모른다고 합니다. 이대로 가다간 북극해의 얼음이 녹아 일본도 거의 수몰될지 모른다며 두려워하는 사람도 있죠.

문제 하지만 해수면 상승의 원인은 북극해의 얼음이 녹기 때문이 아닙니다. 그렇다면 이유가 뭘까요?

다들 아실 겁니다. 컵에 든 얼음이 녹는다고 수면의 높이가 달라지지는 않잖아요? 북극해의 얼음이 녹더라도 수면의 높이는 달라지지 않습니다. 수면이 상승하는 이유는 사실 극지의 얼음이 녹기 때문입니다. 그린란드나 남극대륙의 얼음이 녹는 것이 원인이죠. 이것이 해수면이 상승하는 이유 중 3분의 2입니다.

문제 그렇다면 나머지 3분의 1의 이유는 무엇일까요?

남극 때문이 아닙니다. 정답은 수온이 상승하면 물의 부피가 늘어나기 때문입니다. 이제 눈치채셨나요? 물은 온도가 높아지면 부피가 늘어납니다. 아주 약간이지만 그 규모가 바다 전체라면 제법 상당한 양이 늘어나는 셈이죠. 그린란드에는 3km 정도의 얼음이 쌓여 있는데, 그린란드는 그 무게 때문에 푹 꺼져 있습니다. 그린란드의 얼음이 녹으면 약 2000m의 산이 생겨나리라 예상됩니다. 하지만 북극해의 얼음은 현재 바다로 변하고 있죠. 얼음이 녹고 있다는 사실은 분명합니다. 그렇다면 여기서 문제입니다. 지구온난화의 원인은 석탄이나 석유를 태웠기 때문이라고 다들 말합니다만,

문제 화석연료의 소비량을 지금 당장 0으로 줄인다 하더라도 앞으로 수 세기 동안 지구의 기온은 계속 상승할 것으로 예상됩니다. 그 이유는 무엇일까요? 이산화탄소를 전혀 배출하지 않는다고 하더라도 마

찬가지로 지구의 기온은 계속해서 상승할 것으로 보입니다. 그 이유는 무엇일까요?

정답은 이미 대기 중에 이산화탄소가 존재하기 때문입니다. **석유를 사용하지 않는다 해도 수 세기 넘게 온실효과가 계속된다**는 사실을 머릿속에 새겨두세요.

산성비*

과거 일본에서는 산성비라는 말이 화제에 오르기도 했습니다. 비가 산성으로 변하는 바람에 나무가 시드는 것이라 말했죠. 하지만 거짓이었습니다. 지금 어느 곳을 둘러보아도 산성비라는 말은 찾아보기 어렵습니다. 이건 환경문제의 오점 중 하나였죠. 환경호르몬과 산성비는 오류였습니다. 따라서 둘 모두 교과서에서 사라지고 말았죠. 자동차의 배기가스 때문에 이산화황의 농도가 높아지고, 물에 녹으면 황산이 발생하므로 산성을 띤 산성비가 생겨난다고 알려져 왔습니다. 비가 산성으로 변하면 나무가 시들어버린다는 광고가 종종 흘러나왔죠. 하지만 물의 pH와 비의 pH는 동일합니다. 따라서 비는 거의 산성이 아님이 밝혀졌죠.

미세 플라스틱

현재 다방면에서 문제를 일으키고 있는 물질로 미세 플라스틱이 있습니다. 쓰레기봉지 없애기 운동이 실시되고 있다는 사실은 알고 계실 겁니다. 미세 플라스틱은 처리할 방법이 없거든요. 미세 플라스틱의 양이 얼마나 되는지 다양한 바다에서 측정해본 결과, 넓은

* 국내의 뉴스기사에서 저자와 같은 의견을 지닌 과학자의 칼럼을 찾아볼 수 있다. 「저탄소 녹색성장의 걸림돌 '산성비 괴담'」(한무영 서울대 교수), http://www.e2news.com/news/articleView.html?idxno=44600; 「한번 산성비는 영원한 산성비가 아니다」(한무영 서울대 교수), http://www.e2news.com/news/articleView.html?idxno=41249-옮긴이

그림 세계의 바다를 떠도는 플라스틱의 분포 밀도

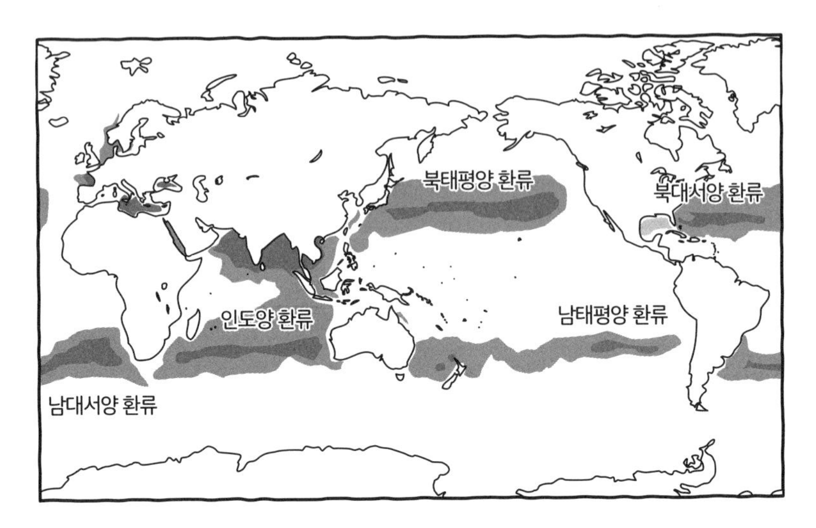

『세계를 떠도는 불편한 물질-확산되는 화학물질이 초래하는 결과(地球をめぐる不都合な物質 拡散する化学物質がもたらすもの)』(일본환경화학회 편집, 고단샤, 2019)에서 인용.

범위에 분포해 있다는 사실이 밝혀졌습니다(그림). 거의 전 세계의 바다에 미세 플라스틱이 존재한다는 것이 드러났죠.

이 미세 플라스틱을 삼킨 펭귄들이 생명의 위기를 겪고 있습니다. 어떻게든 해야겠죠. 쓰레기봉투를 줄이는 것도 좋지만 쓰레기봉투뿐만 아니라 플라스틱으로 이루어진 모든 제품에 대해 많은 고민이 필요합니다. 이보다 더욱 심각한 문제는 정어리에서 검출된 미세 플라스틱입니다. 물고기를 해부해보면 플라스틱 조각이나 미세한 플라스틱 입자가 검출되고 있습니다. 무서운 일이죠.

예를 들어, 합성섬유인 플리스를 세탁기로 세탁하면 한 번에 작은 플라스틱 섬유 2000가닥이 물로 흘러들어갑니다. 이것이 쌓이고 쌓인다면 심각한 일이 벌어지겠죠. 특히 초미세 플라스틱이라 불리는 훨씬 작은 플라스틱(특히 공 모양이 아니라 바늘 모양의 플라스틱)이 위험하다고 합니다. 얼핏 플라스틱이 함유되지 않은 것처럼 보이는 물건이라도 폐기할 때는 주의를 기울여야 한다는 사실, 꼭 기억해두세요.

방사능의 세기와 제염

현재 대학생들에게 가장 신경이 쓰이는 환경문제는 무엇입니까?라고 묻는다면 압도적으로 방사선이 꼽힐 겁니다. 마지막으로 방사선은 어느 정도나 위험한지에 대해 이야기해보겠습니다. 방사선은 일본의 후쿠시마 제1원전에서 사고가 벌어졌을 당시 화제에 올랐으리라 생각됩니다. 제염 작업이 실시되었지만 제염은 방사능을 없애는 것이 아니라 희석시키는 작업입니다. 제염해서 희석시켰다 해도 물속에는 여전히 방사능이 가득하니, 말하자면 제염이란 방사능을 옅게 희석해서 널리 퍼뜨리는 작업이 되겠습니다. 본래 방사능이 없던 곳에도 방사능을 일부러 방치하는 것과 마찬가지죠. 안전한 양의 방사능 물질이라면 희석해서 버리면 되겠습니다만, 방사능이 얼마나 위험한지 알 수 없는 한 제염이 정말로 옳은 방법인지는 모를 일입니다. 현재는 어느 곳에서나 방사능을 희석해서 버리고 있습니다. 즉, 중요한 것은 농도 규제겠죠. 그렇다면 어느 정도 세기의 방사선을 지닌 물질이 위험한지를 명확히 규정해야 하겠습니다만, 문제는 관련 연구가 부족하다는 사실입니다.

방사선의 무엇이 위험한가?

방사선을 막기 위해 차폐막을 설치합니다.

왜 차폐막을 설치하는지 알고 계시나요? 무엇이 위험한 것일까요?

이 부분은 꼭 알아두세요. 방사선 자체가 위험한 것이 아니라 **방사선과 반응한 물 분자가 위험한 물질을 만들어내는 것**입니다. 방사선은 반응성이 높은 활성산소를 만들어내는데, 이 활성산소가 인체의 DNA나 단백질과 반응해 암 변이를 일으키면서 암이 발생하게 됩니다. 방사선이 인간에 접촉하면 인간의 몸에 있는 물을 통해 활성산소가 만들어지고, 이 활성산소가 몸 안의 다양한 성분을 변화시킵니다. 이것이 암이 발생하는 원인임을 꼭 기억해두시기 바랍니다.

방사선 치료라 해서, 강력한 방사선은 암세포를 공격한다는 말을 들어보신 적이 있을 텐데, 암세포에 방사선을 쪼이면 방사선은 당연히 주변의 정상적인 세포까지 파괴합니다. 암세포만이 죽는 것이 아니라는 사실은 이제 이해하셨겠죠?

어느 정도로 퍼져 있을까?

그렇다면 방사능이 전 세계에 얼마나 퍼져 있는지 알고 계신가요?(그림11) 1960년경에 미국과 소련이 대기권 내에서 핵실험을 되풀이하면서 전 세계의 공기에 방사능이 섞였습니다. 상당한 양의 방사능이 전 세계에 균등하게 흩뿌려졌죠. 이는 핵실험을 중단하면서 점점 감소했습니다.

그런데 어느 날 소련의 체르노빌에서 원전 사고가 일어났죠. 그때는 전 세계의 공기 속 방사능의 양 역시 크게 치솟았습니다. 하지만 단발성이었기 때문에 또다시 농도는 낮아졌고, 영향은 그 이후로 거의 사

그림11 방사성 물질의 하강량 변화

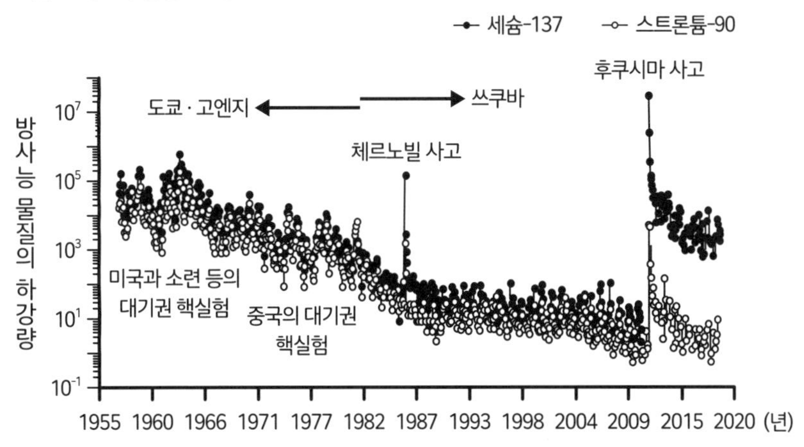

일본 기상연구소 「환경에 대한 인공 방사능의 연구(環境における人口放射能の研究)」(2018년 판)를 토대로 작성.

라졌습니다. 그러다 후쿠시마 제1원전에서 사고가 발생했죠. 그림11에 나와 있듯이 수치는 단숨에 치솟았고, 점차 낮아지기 시작해 지금은 제법 이전의 수준까지 낮아졌습니다.

방사능은 무엇을 측정하는 것일까?

이처럼 방사성 핵종이 화제에 오른 바 있습니다만, 토양에 남아 있는 방사선을 측정할 때에는 현재 세슘과 스트론튬, 트리튬만을 사용합니다.

문제 어째서 이 세 물질만이 화제에 오른 것일까요?

이 정도는 알아두세요. 세슘의 양이 어느 정도이며 식물에 어느 정도나 유입되면 위험한지 화제가 된 적이 있었죠? 세슘이 어째서 화제에 올랐느냐 하면, 세슘이 든 음식물을 먹으면 근육에 세슘이 농축되기 때문입니다. 그래서 문제인 것이죠.

한편 스트론튬은 뼈에 축적됩니다. 몸에 축적되는 물질은 위험하겠죠. 배출되는 물질이었으면 아무리 먹어도 크게 문제가 되지 않습니다.

그렇다면 트리튬은 어째서 문제가 되느냐, 다른 물질에 비해 압도적으로 많은 양이 방출되기 때문입니다. 그래서 얼마나 남아 있는지 관심이 생길 수밖에 없겠죠. 또 하나의 이유는 세슘과 스트론튬은 계수기로 측정하기 쉽습니다. 얼마나 남아 있는지를 바로 알 수 있죠. 그런데 트리튬은 특별한 설비가 없으면 쉽게 측정할 수 없습니다. 따라서 일반인들은 업자에게 요청해 트리튬을 측정해야 합니다.

또 하나의 큰 이유로, 아무리 많이 방출되었다 해도 1년 뒤에 사라진다면 별 문제가 없습니다. 그런데 반감기가 긴 방사능은 줄곧 그 자리에 머무르기 때문에 문제가 됩니다. 트리튬은 반으로 줄어드는 데 12년이 걸립니다. 스트론튬은 29년, 세슘은 30년이 걸리죠. 따라서 세슘, 스트론튬, 트리튬이 문제가 되는 것입니다.

시버트란 무엇일까?

방사선은 원전에서 만들어지는 인공 방사선과 자연 방사선이 있습니다. 방사선에는 단위가 있는데, 그 방사선 핵종이 지닌 방사선의 방출 능력을 가리켜 베크렐이라고 합니다.

그런데 '몇 시버트면 위험하다'는 식으로 다들 시버트로 설명하고 있죠. 여기서 말하는 시버트란 인체에 끼치는 영향을 가리킵니다. 따라서 100밀리 시버트가 위험하다, 1밀리 시버트가 위험하다고 할 때에는 인체에 끼치는 영향을 조사합니다. 그렇다면 몇 시버트면 위험한 걸까요?

어디서부터 위험할까?

그래서 대체 어느 정도의 방사선이 위험한가, 100mSv(밀리 시버트)가 기준점이라고 생각하시면 됩니다. 1년 동안 쬐는 방사선의 양이 100mSv 이상이면 암에 걸릴 확률이 조금 높아진다고 합니다. 방사선에는 그림12와 같이 인공 방사선과 자연 방사선이 있는데, 인공 방사선의 예로는 X선 검사나 CT 검사가 있습니다. CT 검사를 통해서는 10mSv 정도를 쬐게 된다는 사실이 알려져 있고, 암 치료에는 상당한 양의 방사선을 쬐게 됩니다. 하지만 치료상의 이점이 있기 때문에 방사선을 쬘 수밖에 없는 것이죠.

자연 방사선은 대지나 음식물로부터 방출되는 방사선을 가리킵니다. 암석으로 이루어진 곳은 방사선이 많은데, 자세한 내용은 후술하겠습니다만 특히 많은 곳은 100mSv를 넘는 경우도 있습니다. 또한 우주로 멀리 나가면 나갈수록, 지구에서 멀리 떨어지면 떨어질수록 많은 양의 방사선을 쬐게 됩니다. 따라서 비행기 조종사는 일반인보다 훨씬 많은 방사선을 쬔다는 사실이 알려져 있죠.

그림12 우리 주변의 방사선

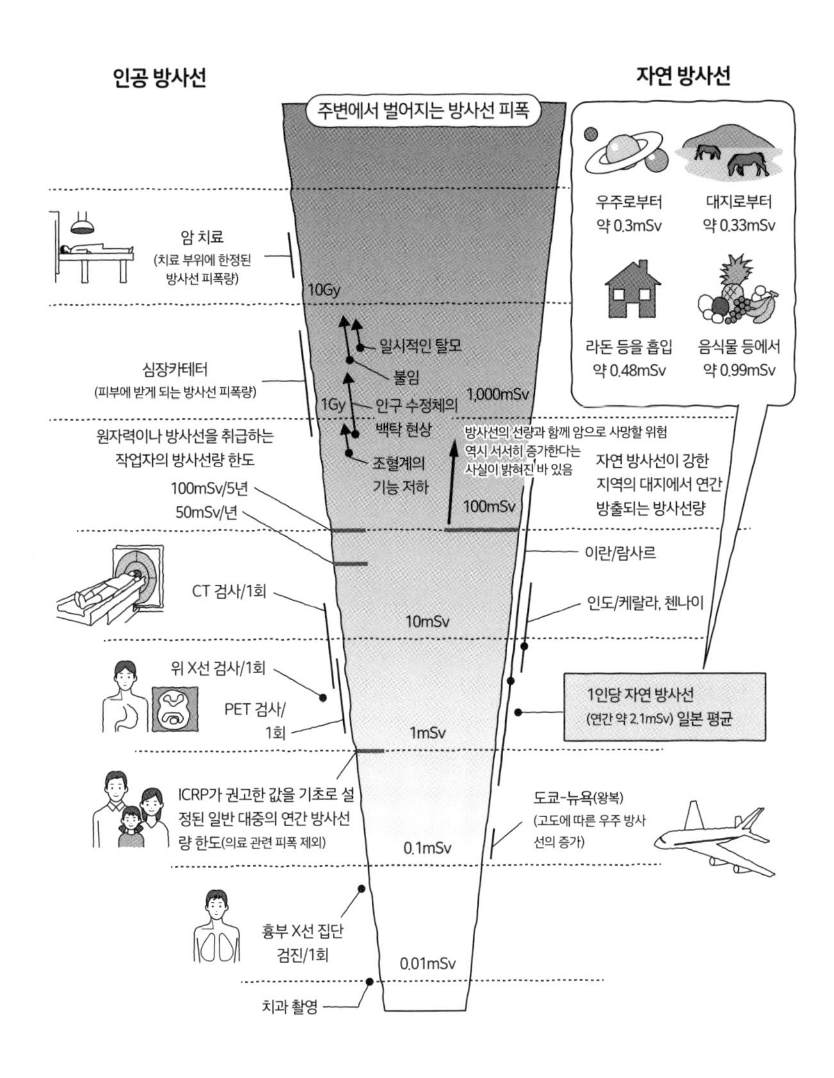

mSv: 밀리시버트. 일본 방사선의학종합연구소 '방사선 피폭 일람표'에서 인용.

대지에서 오는 방사선의 양

일본의 자연 방사선 양

그렇다면 일본은 어떤지 살펴보도록 합시다. 그림13을 보면 일본의 경우 간토 지방은 롬층*이라 해서 화산재로 이루어져 있어 바위가 많지 않으므로 방사능이 적습니다. 그런데 주고쿠 산지는 전부 바위로 이루어져 있죠. 바위로 이루어진 곳은 본래 방사능이 많습니다. 그 지역에 살고 있기만 해도 어느 정도 방사능에 피폭된다는 사실이 알려져 있죠. 여러분이 살고 있는 지역이 어느 정도의 방사능에 노출되어 있는지 이제 아셨을 텐데, 그리 대단한 양은 아닐 겁니다. 많아야 연간 1mSv 정도죠.

세계의 자연 방사선 양

세계를 기준으로 따져보면 일본의 평균이 대략 0.46mSv, 미국이 0.41mSv입니다(그림14). 그런데 인도에서도 서인도의 데칸고원 부근에 위치한 케랄라라는 곳은 최고 35mSv입니다. 이란의 람사르(습지 생태계를 지키기 위한 람사르 조약이라는 조약이 제정된 지역)는 149mSv군요. 심각하네요. 이렇게나 많은 방사선에 노출된 장소도 있습니다. 평균을

* loam stratum: 모래나 부식토, 유기물 등이 섞인 진흙층.-옮긴이

그림13 대지에서 비롯되는 일본의 자연 방사선량

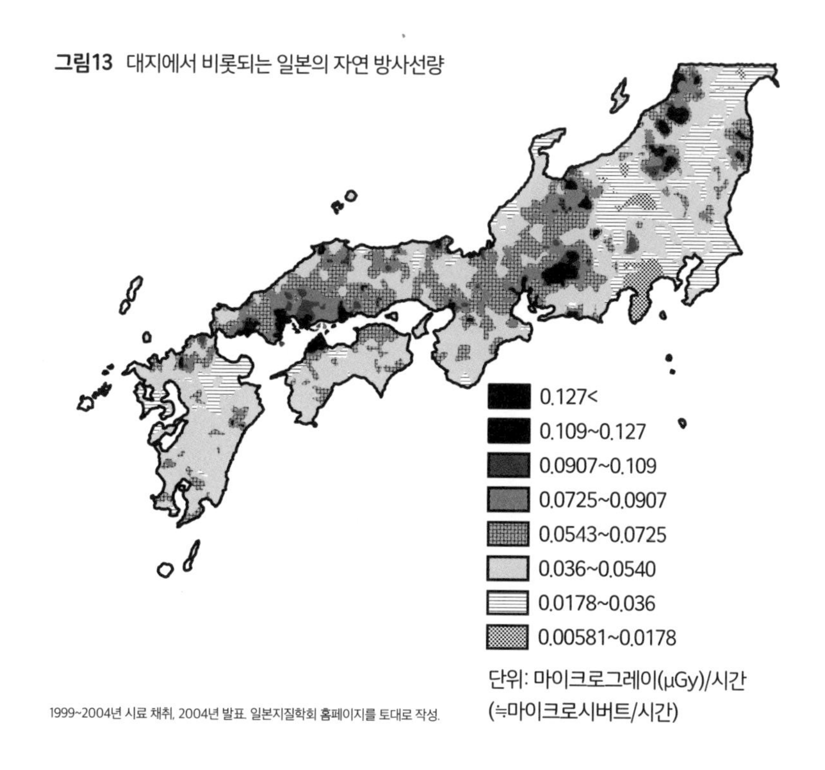

1999~2004년 시료 채취, 2004년 발표. 일본지질학회 홈페이지를 토대로 작성.

그림14 대지에서 비롯되는 세계 각국의 연간 평균 자연 방사선량

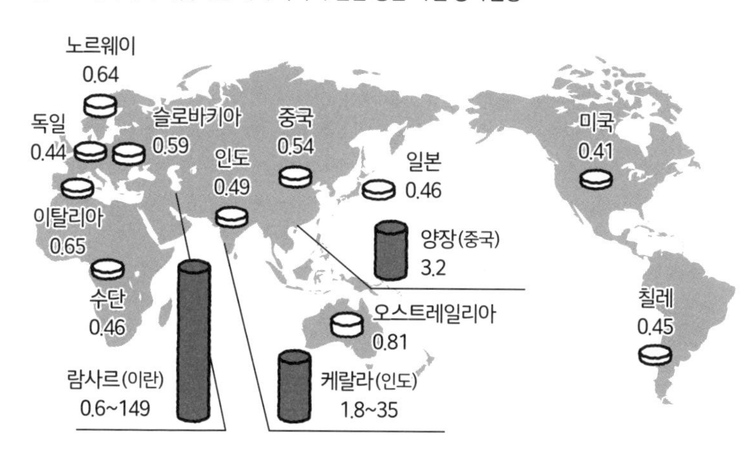

단위: 밀리시버트. UN과학위원회 보고서를 토대로 작성. 일본 전력중앙연구소 뉴스 451호(2019년 1월)

내보면 연간 약 2.4mSv의 자연 방사선에 노출되어 있다는 것이 일반적인 견해입니다. 가만히 있어도 2.4mSv의 방사선에 피폭되는 셈이죠. 1mSv도 위험하다는 사람이 있지만 그런 말은 무시하면 그만입니다. 당연하죠. 하지만 100mSv가 넘으면 암에 걸릴 확률이 조금 높아집니다. 몇 % 정도는 말이죠. 100mSv 이하라면 암에는 거의 영향을 미치지 않는 것으로 추정됩니다.

우주비행사는 위험하다?

방사선량은 이처럼 거주 지역에 따라서도 다르고 엄밀히 따지자면 CT 검사의 경우는 어느 부위에 받느냐에 따라서도 달라집니다. 흉부나 머리 등은 2, 3mSv, 가슴은 5mSv, 복부는 15mSv 정도를 쬐게 됩니다. 비행기 조종사가 1년에 피폭되는 양은 3mSv입니다. 도쿄와 뉴욕을 왕복하는 경우는 0.19mSv 정도의 방사선에 노출되죠. 우주비행사는 우주선 안에서도 100mSv를 쬐게 됩니다. 우주선 밖에서 활동을 하면 단숨에 500mSv까지 치솟게 되죠. 100mSv면 암에 걸릴 확률이 약간 올라가는데 500mSv나 되는 방사선을 맞는다는 뜻입니다. 그러니 세상에서 방사선을 가장 많이 쬐는 위험한 직업은 우주비행사일 겁니다. 이러한 내용은 교과서에는 절대 실리지 않습니다. 그런데 초등학교의 과학 교과서를 보면 장래희망의 1위로 우주비행사와 의사선생님이 나오곤 하죠. 우주비행사와 의사가 가장 방사선에 많이 노출되어 있다는 이야기는 교과서에 나와 있지 않습니다. 하지만 우주비행사가 방사선에 가장 많이 노출되어 있다는 사실은 분명합니다.

서로 다른 견해

여기서 일본 정부의 견해를 들어보죠. 이 부분은 꼭 기억해두시기 바랍니다. 일반적인 조사 결과, 역학적으로 100mSv 이하의 방사선으로는 암 발생이 증가하는지 확인할 수 없다는 국제위원회의 보고가 있습니다. 이 보고를 받은 일본 정부는 '100mSv까지는 괜찮지만 일단은 위험성이 있다 간주하고 대책을 취하겠다'고 밝혔죠. 후쿠시마 원전 사고가 벌어졌을 당초에는 20mSv를 기준으로 잡고 20mSv까지 내려가기 전에는 집으로 돌려보내지 않기로 정했습니다. 이해하셨나요? 모 국제위원회에서는 100mSv 이하에서는 발암성이 없다고 보고했지만 일본 정부는 영향이 있을지도 모르니 그 기준선을 낮추자 해 처음에는 기준선을 20mSv로 잡았다는 뜻입니다.

그런데 이번에는 또 다른 국제위원회가 연간 피폭 한도를 1mSv로 정하고 나섰습니다. 그걸 대체 누가 결정하느냐고요? 방사능을 무척 싫어하는 사람들이 모여서 결정하고 있죠. 방사능이 싫다는 그 사람들이 어떤 사람들이냐, 0.1mSv든 0.01mSv든 방사능이 존재해서는 안 된다는 사람들입니다. 그런 사람은 방사능이 아무리 소량이라도 위험하다면서 희한하게도 X선 기사나 관련 직종 종사자들은 10이나 20이라도 상관없다고 말합니다. 귀에 걸면 귀걸이, 코에 걸면 코걸이인 식이죠. 어떤 위원회에서는 100mSv가, 또 어떤 위원회에서는 1mSv가

기준선이라고 말하는 상황인 겁니다.

이게 과학일까요? 이런 건 과학이 아닙니다. 모두 자기들 편한 식으로 결정을 내리죠. 그러다 보니 이런 사람들은 아무런 증거도 없으면서 저선량 피폭이 위험하다는 논리를 들이댑니다. 암이나 기타 질병이 증가했다는 데이터는 없는데도 말이죠. 상식적으로 생각해보면 보통 1~2mSv는 신경 쓸 필요가 없습니다. 그저 살고 있기만 해도 평균 2.1mSv의 자연 방사선을 쬐게 되니까요. 그런데 1mSv도 불안하다는 겁니다. 0.1mSv라도 안심할 수 없다는 사람마저 있죠. 이유를 물으면 '위험이 없다고는 단언할 수 없으니까'라고 대답합니다. 이렇게 말하는 사람들이 꼭 있기 마련인데, 이는 과학적인 증거가 되지 못합니다. 멋대로 늘어놓는 말이죠. 따라서 대책을 취할 필요가 있습니다. 그렇게 비과학적인 사람들이 모인 위원회에서는 1mSv가 넘어가면 죄다 위험하다고 주장합니다. 그렇게 따지자면 세상에서 안전한 사람이 누가 있을까요. 이렇게 세상에는 방사능에 관해서 1mSv라도 위험하다는 사람과 100mSv라도 상관없다는 사람들처럼 다양한 의견이 있다는 사실을 꼭 기억해두시기 바랍니다.

이처럼 다양한 견해가 있을 경우에는 누가 결정을 내리느냐, 나머지는 정치로 정해질 일입니다. 이건 과학이 아니죠. 여러분은 어떻게 생각하시나요? 무엇이 옳다고 보십니까?

제 견해입니다. 만약 우주비행사가 암에 걸렸다면 방사능은 위험합니다. 우주비행사가 연로해질 때까지 건강하게 살아 있다면 방사능은 아무런 문제가 없겠죠. 이렇게 말한다면 실험으로 입증해보라 할 겁니다. 그럼 어떤 실험을 하면 좋을까요. 한 번 방사선을 쬐었던 사람이 정말로 암에 걸리는지를 조사해보면 되겠군요. 하지만 어려운 일입니다. 어느 날 방사선을 쬐고 수십 년 후에 암에 걸리는지 아닌지를 알아볼 수는 있습니다. 하지만 조사 결과가 방사능을 쬔 탓인지, 아니면 그 사람의 생활 습관이 나빴기 때문인지를 설명할 수는 없죠. 따라서 현실적으로 설명할 수 없는 사실을 요구하는 셈이나 마찬가지입니다. 방사선을 1회 쬐었을 때 정말로 암에 걸리는지 아닌지를 입증하려면 매우 세심한 실험을 진행해야 하는데, 어렵겠죠. 그 사람이 담배를 피울지도 모르고, 파칭코 업소에 다닐지도 모르니까요. 그런 생활 습관을 모조리 조사하기란 불가능합니다. 따라서 방사능을 쬘 경우 암에 걸리는지 아닌지, 그 인과관계를 조사하는 실험은 현재로써는 어렵습니다. 동물을 대상으로 실험해볼 수밖에 없겠습니다만, 동물과 인간은 엄연히 다릅니다. 결과적으로 방사능이 안전한지에 대해서는 개인적인 견해만 내놓을 수밖에 없는 것이 현실입니다. 생명과학에는 이러한 문제가 많습니다. 이런 사실은 무시한 채 **남이 하는 말을 덮어두고**

믿을지, 아니면 직접 생각해보고 행동으로 옮길지, 둘 사이에는 큰 차이가 있습니다.

우리 인간은 좋든 싫든 환경의 영향을 받으며 살아갑니다. 자신들의 건강에 대해 생각해볼 때에도 다양한 요인을 고려해야만 하죠. 이번 이야기는 여기서 마치겠습니다.

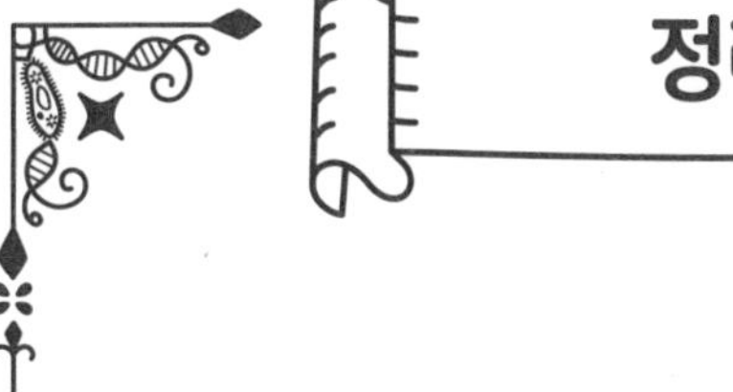

정리

- 갈라파고스 제도를 예로 들어 생물이 어떻게 환경에 적응해왔는지 소개했습니다. 환경에 따라 생존에 유리한 개체가 다르며, 우연에도 좌우되어 진화해왔다는 사실을 알 수 있습니다.

- 인류를 둘러싼 지구온난화나 방사능 등의 환경문제에 대해 알아보았습니다.

- 곧잘 화제에 오르는 방사선의 무엇이 위험한지 데이터를 통해 설명했습니다. 어떻게 생각하고 행동해야 할지 한번 스스로 판단해보세요.

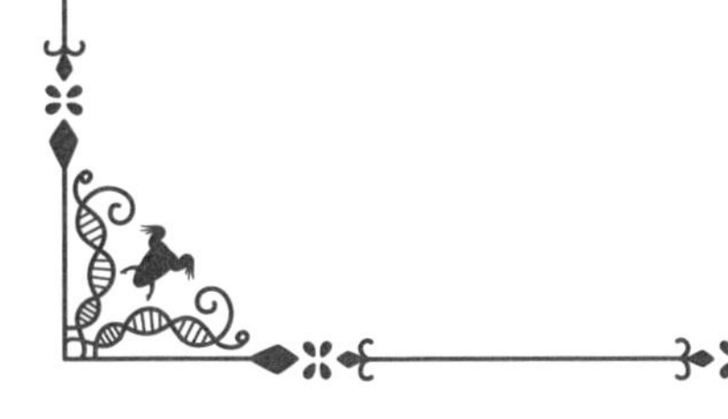

제 6 장

게놈 편집의 현황

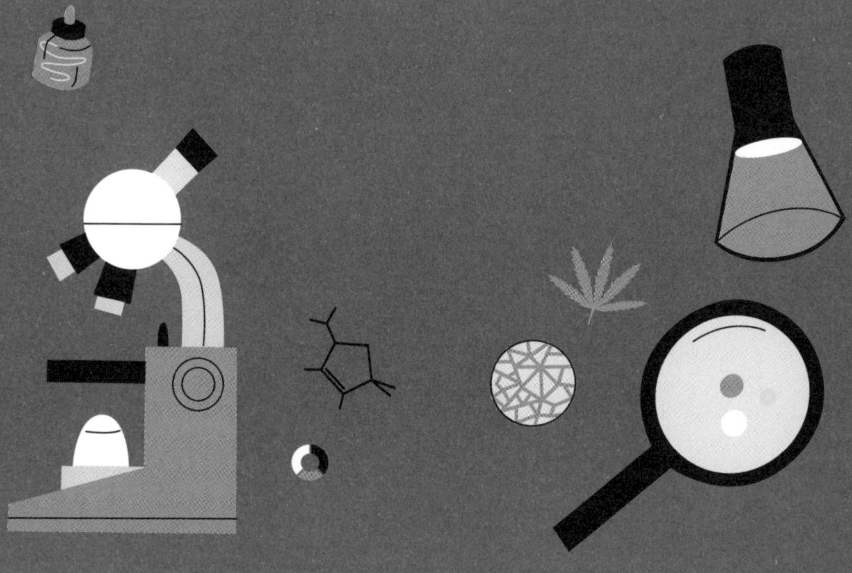

게놈 편집 식품 뉴스

생명과학의 대표적인 화제 중 하나인 게놈 편집에 관한 근황을 이야기하며 마무리를 지어볼까 합니다. 2019년 1월, '게놈 편집 식품의 신고 의무화를 보류하자'는 이야기가 신문에 실렸습니다. 게놈 편집과 유전자 재조합은 무엇이 다를까요? 정확히 짚고 넘어가야 하겠습니다.

2019년 3월, 일본에서는 게놈 편집을 거친 식품이 여름에도 시판될 것인가를 두고 화제가 된 바 있습니다. 예를 들자면, 근육량을 높인 도미나 복어, 영양가를 높인 토마토, 수확량을 높인 쌀, 독소가 적은 감자 같은 식품 말이죠. 모두 게놈 편집을 거친 식품들입니다. 결과적으로는 **게놈 편집을 거친 식품은 안전성 심사에서 제외된다**고 결정이 났습니다. 지금까지 유전자 재조합에는 까다로운 심사를 실시했지만 게놈 편집은 심사를 받지 않아도 된다는 말이죠. 나머지 표시 문제에 대해서는 소비자청이 결정하면 된다는 보고서가 제출되었습니다.

게놈 편집 식품은 판매할 때 일단은 사전 상담이 필요합니다만, 미리 고지한다면 아무런 문제가 없는 것으로 되어 있습니다. 따라서 심사는 필요치 않죠. 심지어 외국에서 수입할 수도 있게 되면서 새로운 제품이 유입될 가능성이 충분해졌습니다.

문제 유전자 재조합은 그렇게나 심사를 거치면서 게놈 편집은 왜 문제가 없는 걸까요?

바로 이것이 주된 화제였습니다. 게놈 편집 식품으로는 일본에서도 생산 중인, 근육량을 1.5배 정도 늘린 도미, 인공적으로 키우면 서로를 잡아먹기 때문에 공격성을 억제한 고등어, 혈압을 낮추어주는 GABA*가 함유된 토마토, 알레르기가 적은 달걀, 수확량을 높인 옥수수, 비타민이 많은 딸기, 근육량이 많은 소, 독이 없는 감자 등이 있습니다만, 이것들이 모두 심사 없이 판매될 수 있다는 말입니다.

이 문제의 정답을 알아보려면 우선 게놈 편집과 유전자 재조합에 대해 알아봐야 합니다. 각자 설명해보겠습니다.

게놈 편집이란?

게놈 편집이 무엇인지는 꼭 기억해두셨으면 합니다. **게놈 편집이란 기본적으로는 그저 유전자를 싹둑 잘라내기만 할 뿐입니다.** 유전자 재조합은 다른 생물의 유전자가 도입되므로 엄격한 심사를 받게 되죠. 그에 비해 게놈 편집은 단순히 잘라내는 것에 그칩니다. 싹둑 잘라내면 무

---

* 감마-아미노뷰티르산의 약자로, 뇌척수액에 포함된 신경전달물질이며 혈압을 억제하거나 스트레스 해소에 도움을 주는 것으로 알려져 있다.-옮긴이

그림1 게놈 편집의 원리

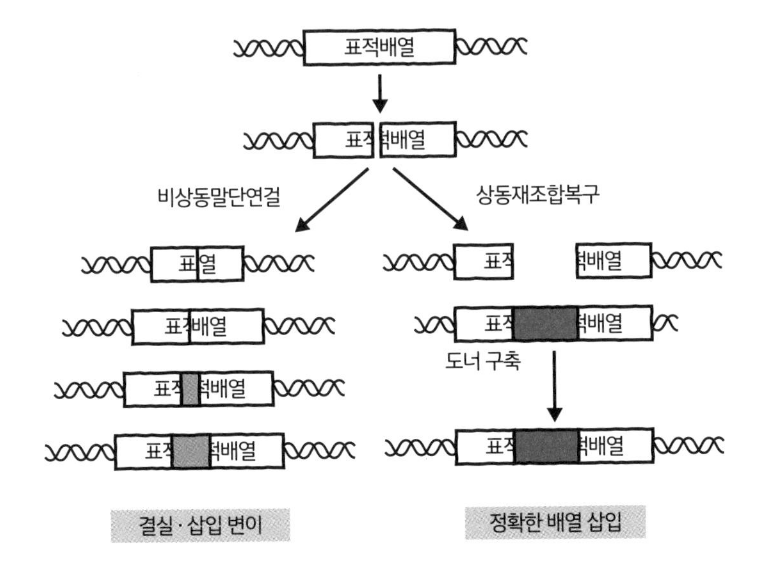

은 일이 벌어지느냐, 인간의 유전자나 동물의 유전자나 모두 마찬가지겠습니다만, 그 부분이 원래대로 수선됩니다. 일단 뭔가에 잘려나가더라도 곧 원래대로 돌아가는 편리한 구조죠.

돌아갈 때 원래대로 고스란히 복구된다면 좋겠지만 약간 잘려나간 채로 복구되는 경우와 뭔가가 끼어들어서 복구되는 경우가 있습니다(그림1 왼쪽). 표적배열이라는 글씨에서 '적'과 '배'가 잘려나가 '표열'이 되거나, 중요한 부분이 빠지거나, 회색 부분이 들어가기도 합니다. 이건 단순히 자르고 복구할 뿐이니 심사를 받지 않아도 되겠죠. 게놈 편집의 경우는 DNA에 결실 혹은 삽입이 일어날 뿐, 대부분은 이렇게 됩니다. 하지만 외부에서 검은색 배열이 도입되면 잘라진 부분에 그 배열이 삽입되는 경우가 있습니다(그림1 오른쪽). 이는 유전자 재조합과 마찬가지입니다. 왼쪽은 자르기만 할 뿐이니 심사를 받을 필요가 없습니다. 반면에 오른쪽은 외래 유전자가 도입되었기 때문에 심사가 필요하겠죠. 오른쪽은 유전자 재조합과 동일하게 취급되니 왼쪽을 중심으로 이야기하도록 하겠습니다.

유전자 재조합과의 차이는?

게놈 편집과 유전자 재조합이 어떻게 다른지 간단히 설명해보겠습니다. 게놈 편집은 어느 특정한 부분의 유전자를 싹둑 잘라내는 것입니다(그림2A). **특정한 부분을 수정하는 것**이죠. 그런데 유전자 재조합은 **다른 생물의 유전자를 집어넣는 것**입니다(그림2B). 그래서 문제가 벌어지게 됩니다.

예를 들어, 그림2B를 보면 9번 염색체에 유전자 재조합이 벌어졌습니다만, 유전자를 넣을 때에는 어디로 들어갈지는 알 수 없습니다. 이 부분이 유전자 재조합의 가장 큰 문제점이죠. 우연찮게 9번에 들어갔지만 만약 3번 쪽 중요한 유전자의 한가운데를 비집고 들어갔다간 중요한 유전자가 짓뭉개지고 맙니다. 그랬다간 큰일이겠죠. 따라서 유전자 재조합에는 위험이 따른다는 문제가 남습니다.

그림2 게놈 편집과 유전자 재조합

Ⓐ 게놈 편집

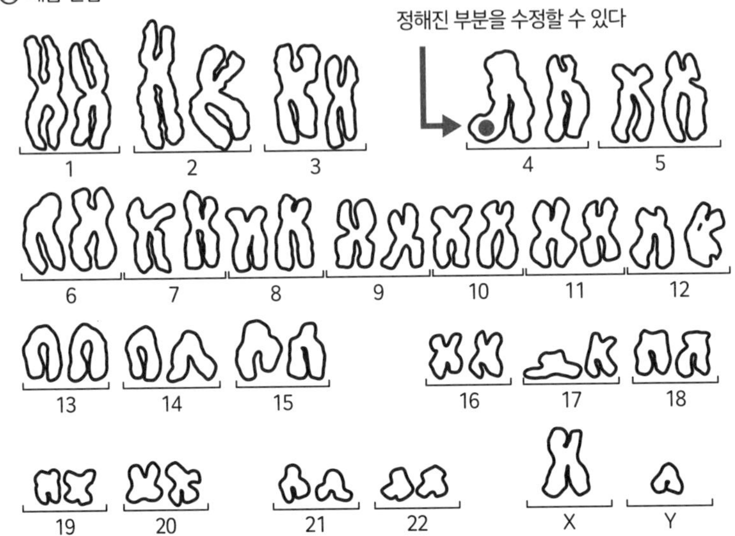

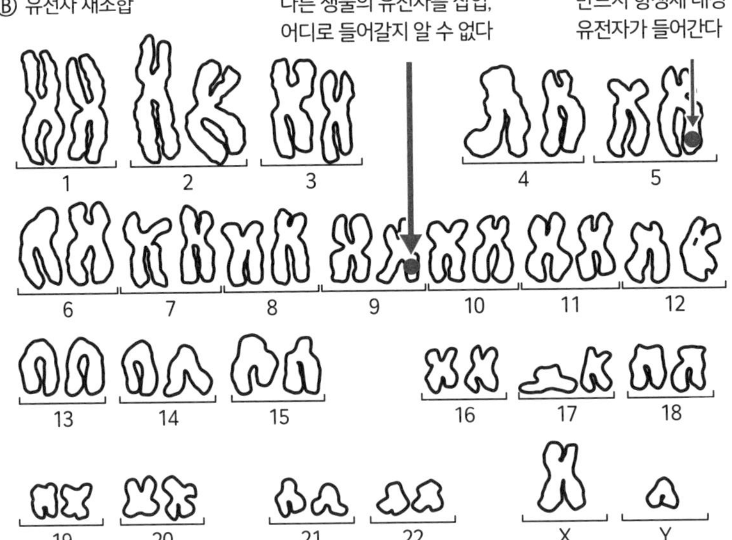

그림3 유전자 재조합의 원리

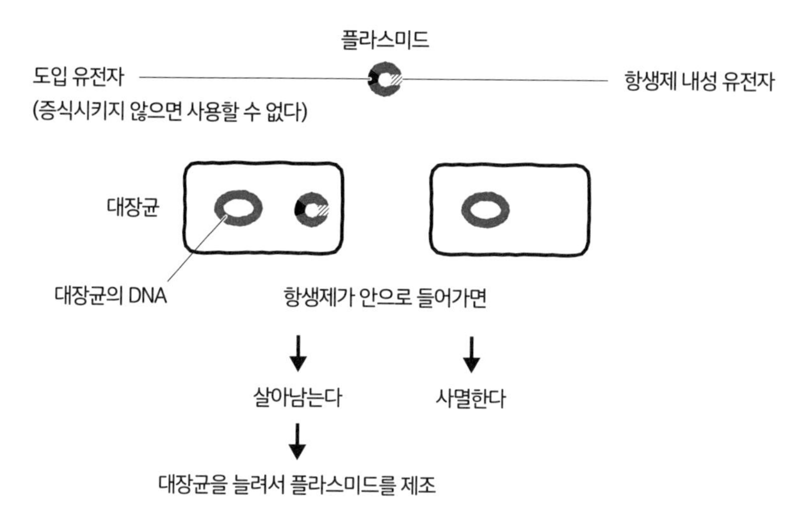

이것도 기억해주세요. 유전자 재조합을 실시할 때에는 또 하나의 다른 유전자를 삽입합니다. 그 다른 유전자를 항생제 내성 유전자라고 합니다. 왜 이런 다른 유전자를 삽입하느냐, 유전자 재조합의 방식에 문제가 있기 때문입니다. 이에 대해 설명하겠습니다.

도입될 유전자를 사용하기 위해서는 증식시켜야만 하므로 그림3처럼 대장균을 이용합니다. 대장균의 DNA는 동그란 유전자로, 여기에 도입할 유전자를 집어넣어야 합니다. 특정 유전자를 집어넣어야 할 때에는 플라스미드*라 해서 동그란 유전자를 사용합니다만, 플라스미드

* 세균의 세포 내부에 염색체와는 별개로 존재하며 스스로 증식할 수 있는 DNA로, 유전자 재조합에서는 도입 유전자를 전달해주는 운반체의 역할을 한다.-옮긴이

에는 반드시 항생제 내성 유전자를 함께 연결해야 합니다. 수많은 대장균에 플라스미드를 집어넣으면 플라스미드가 제대로 들어간 대장균과 들어가지 않은 대장균이 생겨납니다. 모든 플라스미드가 말끔하게 대장균 안으로 들어가지는 않죠. 그러니 플라스미드가 들어 있는 대장균과 그렇지 않은 대장균을 나누어야만 합니다. 둘을 어떻게 나누는가, 바로 플라스미드가 들어 있는 대장균과 그렇지 않은 대장균이 섞여 있는 액(液)에 항생제를 첨가하는 것입니다. 항생제는 세균을 죽이는 물질입니다. 항생제를 넣으면 일반적인 대장균은 모조리 죽어서 사라지게 되고 플라스미드가 도입된 대장균만이 살아남게 되겠죠. 여기서 살아남은 대장균을 증식시키면 됩니다. 그러면 도입 유전자를 지닌 대장균만을 증식시킬 수 있겠죠. 이것이 바로 유전자 재조합의 원리로, **유전자 재조합에는 반드시 항생제 내성 유전자가 들어갑니다.**

문제 항생제 내성 유전자가 들어 있으면 무슨 일이 벌어질까요?

항생제 내성 유전자는 항생제가 효과를 발휘할 수 없게 만드는 유전자입니다. 그런 유전자가 만약 인간에게 들어간다면 어떻게 될까요? 병에 걸렸을 때 항생제를 복용하더라도 효과가 없어지겠죠. 이러한 우려 때문에 유전자 재조합에 두려움을 갖는 사람들이 제법 많습니다. 인간의 유전자에는 그런 것이 들어가지 않는데도 말이죠.

게놈 편집과 유전자 재조합과 육종

농작물에 관한 이야기를 해보겠습니다. 게놈 편집에서 현실적으로 우려를 느끼는 경우는 농작물을 대상으로 할 때일 겁니다. 게놈 편집, 유전자 재조합, 육종*의 차이를 표로 나타내보았습니다. 간단히 보고 넘어가시면 될 텐데, 유전자 재조합과 게놈 편집은 무엇이 다를까요? 거의 동일합니다만 외래 유전자의 도입 여부에 따라서 달라짐을 알 수 있습니다. 게놈 편집의 경우는 외부에서 유입되는 유전자가 없습니다. 잘라내기만 할 뿐이니까요. 유전자 재조합에서는 외래 유전자가 유입됩니다. 또 한 가지, 유전자 재조합의 경우에는 도입된 유전자가 어디로 들어갈지 모른다는 점이 있죠. 그런데 게놈 편집은 잘라내

표 게놈 편집과 유전자 재조합과 육종의 비교

	게놈 편집	유전자 재조합	육종
외래 유전자의 유입	**없음**	있음	**없음**
약물과 방사능의 사용	**없음**	**없음**	있음
유전자의 대폭적인 변화	**없음**	**없음**	있음
유전자의 변화 위치	특정 부위	무작위	무작위

* 育種: 생물의 유전적 형질을 개선하거나 변경해 상품 가치가 더 높은 작물이나 가축을 만들어 내거나 개량하는 기술.-옮긴이

는 부분이 정해져 있기 때문에 중요한 유전자를 자를 일이 없습니다. 그런 면에서 개놈 편집은 매우 효과적인 방식이죠.

그렇다면 어째서 게놈 편집을 실시하는가, 21세기 중반이면 지구의 인구가 90억 명으로 늘어나 식량 공급이 큰 문제로 다가오게 될 것입니다. 농작물을 생산하면 되지 않겠느냐 하시겠지만, 농업 생산량은 낮아지는 경향에 있습니다. 이미 아메리카 대륙에서는 인구 폭발에 대비해 유전자 재조합 작물이 생산되고 있습니다. 그런데 그마저도 한계에 달해 있습니다. 아무리 품종을 개량한들 이미 최대치에 도달한 상황이죠. 78억 명에서 최대치를 찍었는데 90억 명으로 늘어났다간 큰일이 벌어질 겁니다. 그러니 이에 대처할 방안이 현재 문제로 받아들여지고 있죠. 게놈 편집 농작물은 개발하는 데 비용이 들지 않고, 육종을 실시할 경우에 발생하는 비특이적 변이가 도입되지 않으며, 단기간에 새로운 품종이 완성되므로 대기업이 나서지 않더라도 실험실에서 간단히 만들어낼 수 있습니다. 그렇기 때문에 이렇게 게놈 편집의 중요성에 대해 설명하고 있습니다.

하지만 반대파에 속한 사람들은 그럴 리 없다고 말합니다. 유전자 재조합 농작물을 생산하지 않더라도 동네 뒷산에서 자급자족하면 될 일이라고 말이죠. 하지만 저는 유전자 재조합 식품에 독이 든 것도 아닌데 저렴하게 구입할 수 있다면 먹어도 되지 않을까, 그렇게 생각합니다. 아프리카 사람들에게도 도움이 되고 말이죠. 그런데도 '그럴 필요

없다, 동네 뒷산에서 직접 자급자족하면 된다'고들 합니다만 사실 이런 말이 더 엉터리입니다. 앞으로 일본에서 인구가 점점 줄어들면 마을 산에서는 더는 주민들을 찾아볼 수 없어질 테고 멧돼지가 출몰하게 되겠죠. 사람이 없어지면 기반시설이 모두 무용지물이 되고 기차조차 다니지 않게 될 것입니다. 하루에 버스가 한 대만 다니는 곳이 많아질 테고 다리가 무너져도 고칠 사람이 없어지겠죠. 그러니 산촌에서는 사는 것조차 불가능해집니다. 그런 시대가 올 겁니다. 여러분이 저 정도의 나이가 된다면 도시에서밖에 살 수 없는 시대도 충분히 생각해볼 수 있다는 말입니다. 먹을 것이 없어지면 식량 위기에서 비롯해 반드시 전쟁·폭동·소요가 벌어지고 난민이 증가해 곡물의 가격이 상승할 겁니다. 무슨 일이 있더라도 식량을 증산해야만 하는 까닭이죠. 유전자 재조합이 안 된다면 이제는 게놈 편집밖에는 방법이 없는 것이 현실입니다.

여기서 농작물의 수확량을 높이려면 어떻게 해야 할까요. 세계의 인구가 90억 명에 달했을 때, 곡물의 수확량을 선진국에서는 1.5배, 개발도상국에서는 2배 가까이 늘려야만 인구를 감당해낼 수 있습니다. 하지만 잘 생각해보세요. 땅은 좁아지고, 사용할 수 있는 물도 줄어들고 있습니다. 폐기되는 음식물의 양이 동일하다고 가정해보면 이런 시대에서 곡물의 수확량을 높이기란 일반적인 방법으로는 어렵습니다. 본디 식물은 진화를 통해 적정화되었기 때문에 이 이상 아무리 품종을 개량한들 여기서 더 많은 결실을 맺게 하기란 현재로써는 어려운 일입니다. 뭔가 새로운 방법을 강구해야만 하죠. 그러려면 게놈 편집을 실시할 수밖에 없습니다.

농작물의 수확량을 급격하게 감소시킬 세계적인 위협이라 하면 제5장에서 소개한 기후변동이 있겠습니다. 따라서 기후변동이나 대규모 재해에 강한 식물을 만들어내야 한다는 뜻이죠.

하지만 EU의 최고 재판소에서는 게놈 편집 식품을 유전자 재조합 식품과 동일하게 취급하고 있습니다. EU에서는 게놈 편집은 불가하다는 판정을 내렸지만 미국에서는 허용하기로 했죠. EU가 반대한다는 이유로 유전자 재조합 식품에 반대하는 사람이 나타난다는 사실은 제4장에서도 소개해드린 바 있습니다. EU와 미국의 큰 차이점이라면 EU는 유전자를 인공적으로 수정했기 때문에 안 된다고 주장하는 반면, 미국은 완성된 결과물이 안전하다면 문제없다고 주장한다는 점입니다. 과정에 기반하느냐, 아니면 결과물에 기반하느냐에 따라 심사에도 차이가 난다는 사실을 알아두셨으면 합니다.

곤충식

고기를 대신해 곤충을 먹으면 되지 않느냐고 말하는 사람이 있습니다. 현재 20억 명이 곤충을 먹고 있습니다만, '아무리 그래도 곤충은 좀……'이라고 생각하시겠죠. 하지만 곤충이라 해도 거미나 메뚜기를 그대로 먹는다는 뜻은 아닙니다. 귀뚜라미나 메뚜기를 가루로 빻은 다음 빵처럼 만들어서 먹는 것이죠.

예를 들어, 1kg의 소고기를 만들어내는 데 10kg의 식물이 필요합니다만, 1kg의 메뚜기를 키우는 데는 1.7kg의 식물이면 충분합니다. 즉, 소를 키우는 것보다 메뚜기를 키우는 편이 더 효율적이라는 뜻이죠. 심지어 이산화탄소의 배출량은 같은 무게의 소에 비하면 100분의 1 수준입니다. 따라서 곤충을 먹자는 발상이 등장하게 된 것이죠.

노벨상을 수상한 CRISPR/Cas9

그럼 실제로는 어떻게 게놈을 편집하는지에 대해 잠깐 소개하겠습니다만, 게놈 편집은 **CRISPR/Cas9**(크리스퍼 유전자 가위)이라는 방법으로 실시합니다. Cas9이라는 효소가 DNA의 특정 부분을 싹둑 잘라냅니다. 앞서 설명했듯이 아주 효과적인 방법이죠. 무작위로 뎅겅 잘라내는 게 아니라 DNA의 특정한 한 곳만을 잘라냅니다. 게놈 편집은 이러한 방식으로 이루어지는데, 잘라낸 후에는 자연히 원래대로 되돌아갑니다. 그럼 어떻게 정해진 곳을 자를 수 있느냐 하면, 어느 특정한 배열과 상보적인 가이드 RNA를 넣어두면 가이드 RNA가 그 특정한 DNA 배열(PAM)까지 Cas9를 데려가 줍니다(그림4). Cas9은 가위를 갖고 있기 때문에 DNA를 싹둑 잘라낼 수 있죠.

게놈 편집에는 많은 이점이 있습니다. 예를 들어, 밀이 걸리는 병으로 백분병이라는 질병이 있습니다. 게놈 편집을 통해 백분병에 걸리지 않는 밀을 만들어내거나 병을 낫게 할 수도 있죠. 나중에 다시 설명하겠습니다.

그림4 CRISPR/Cas9

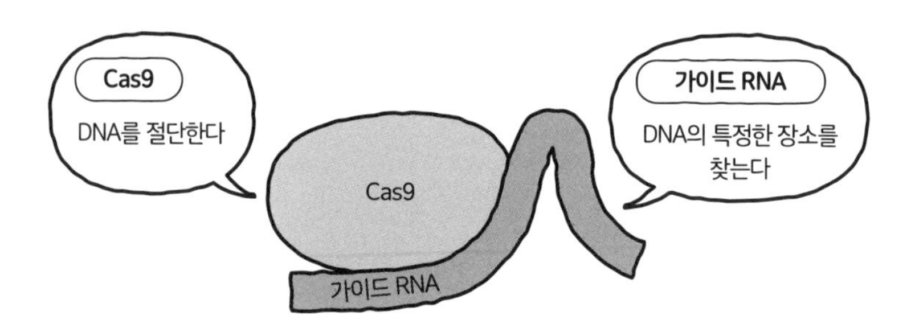

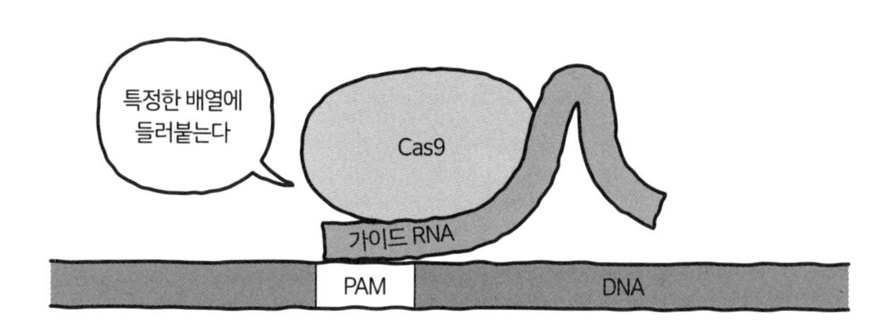

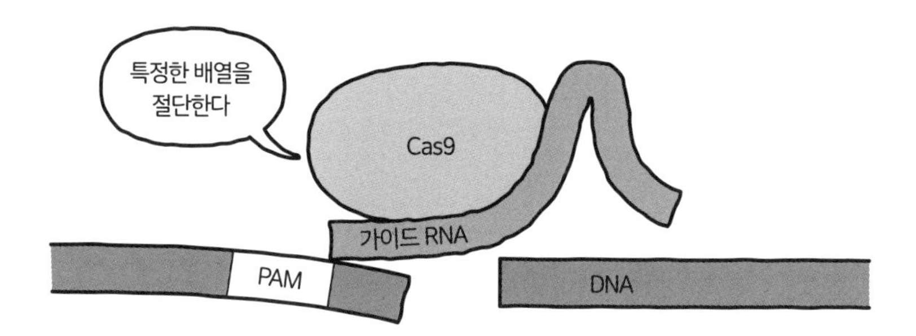

인간의 수정란을 대상으로 한 게놈 편집

그럼 여기서 근육이 울뚝불뚝한 소를 만들어보기로 합시다. 그런 소를 인공적으로 만들어도 될까요? 게놈 편집을 통해 실제로 만들 수는 있지만 굳이 인공적으로 만들지 않더라도 처음부터 이런 소가 있습니다. 조사해본 결과 유전자가 찌부러져 있었죠. 원래부터 있다면 근육이 울뚝불뚝한 소와 더위에 강한 소를 교배시킬 경우 더운 곳에서도 잘 자라며 육질이 좋은 소가 태어날 겁니다. 이렇게 자연발생적으로 게놈 편집이 되어진 소가 있다면 인공적으로 만들어도 괜찮지 않을까? 이것이 과학자들의 사고방식이죠.

문제는 중국의 모 교수가 인간을 대상으로 이를 실시했다고 발표해서 모두가 발칵 뒤집어진 일이었습니다. 인간의 수정란을 이용해 게놈 편집을 실시해버린 거죠. 무슨 짓을 했느냐, 남편이 HIV에 감염된 부부의 수정란에서 유전자를 바꾸어버렸습니다. HIV에 감염되지 않게끔 게놈 편집을 실시한 것이죠. 본인은 태어날 아이가 절대 HIV에 감염되지 않게 하려고 그랬다지만 인간의 수정란을 대상으로 게놈 편집을 실시한다니, 이는 터무니없는 이야기입니다. 그런데도 몰래 이런 짓을 저지르고 말았죠. 결과적으로는 HIV에 잘 감염되지 않는 아이가 만들어지지 않았느냐고 주장하지만 그건 모르는 일입니다. 이 수정란에서 태어난 아이는 쌍둥이로, 각각 루루와 나나라는 이름이 붙었습니다. 사실 루루는 게놈 편집에 성공했지만 나나는 성공하지 못했죠. 제대로 게놈이 편집되지 않아 유전자에 약간의 결실이 생겼습니다. 유전자가 예상치 이상으로 깎여나갔던 것이죠. 이는 다시 말해 루루는 HIV에 감염되지 않을지도 모르지만 나나는 어찌 될지 알 수 없다는 뜻입니다.

그 후로 밝혀진 사실에 따르면 게놈 편집을 실시한 유전자는 CCR5라는 유전자였는데, 이 유전자를 편집하면 HIV에는 잘 걸리지 않게 되지만 반대로 인플루엔자에 걸릴 확률은 높아진다는 사실이 밝혀졌습니다. 루루는 인플루엔자에 잘 걸리는 체질이 되었을 수도 있다는 말입니다. 의도적으로 이런 아이를 만들어냈다간 큰 문제가 벌어지겠죠. 그런데 실제로 생겨나고 말았습니다. 당혹스럽게도 말이죠.

근이영양증이 치유된다?

여러분께서 기억해두셨으면 하는 사실은 수정란을 대상으로 게놈 편집을 실시하면 지금까지 절대 고쳐지지 않았던 난치병도 치유될 수 있음이 밝혀졌다는 것입니다. 근이영양증을 예로 들어 설명해보겠습니다. 근이영양증에서는 제2장에서도 소개드렸듯이 크고 긴 유전자의 어느 일부분이 소실되어 있습니다. 이 일부가 소실되면 무슨 일이 벌어지느냐, 단백질이 제대로 형성되지 못해 질병에 걸리게 됩니다. 이

유전자는 자손으로 전해질 가능성이 있죠.

근이영양증에서는 그림5의 유전자 44가 소실되어 있다고 가정하겠습니다. 그러면 그곳에서 형성되는 mRNA는 43에서 44를 건너뛰고 45로 이어지는 형태가 됩니다(A). 여기서는 제대로 된 단백질이 만들어지지 않아 단백질 합성이 도중에 멈추어버리고 맙니다. 따라서 정상적인 단백질이 형성되지 못해 질병에 걸리게 되죠. 이 유전자 44가 처음부터 빠져 있었으니 별 수 없는 일입니다. 그럼 어떻게 해야 좋을까요. 게놈 편집을 통해 45를 잘 깎아내서 43과 45를 딱 맞물리게끔 연결합니다(B). 깨끗이 이어지면 제 기능을 하는 단백질이 형성되겠죠. 커다란 단백질인 44와 45의 일부가 빠져나갔지만 제 기능을 하는 단백질이 형성될 테니 근이영양증에 걸리지 않게 될 가능성이 높아집니다. 이런 식으로 게놈 편집을 실시하면 자손에게 근이영양증 유전자는 전해지지 않을 테니 유전병의 계보 역시 사라지게 되겠죠.

문제 또 다른 방법이 있다는 사실을 알고 계신가요?

바로 44를 통째로 삽입하는 방법입니다. 44를 통째로 삽입하면 유전자 재조합이나 마찬가지겠지만 결함이 없는 유전자가 생겨나겠죠(C). 이것이 게놈 편집의 장점입니다. 따라서 게놈 편집은 유전자가 어디로 삽입될지 알 수 없었던 종전의 유전자 재조합과는 다르게 이러

그림5 게놈 편집에 따른 유전성 질환의 치료

Ⓐ

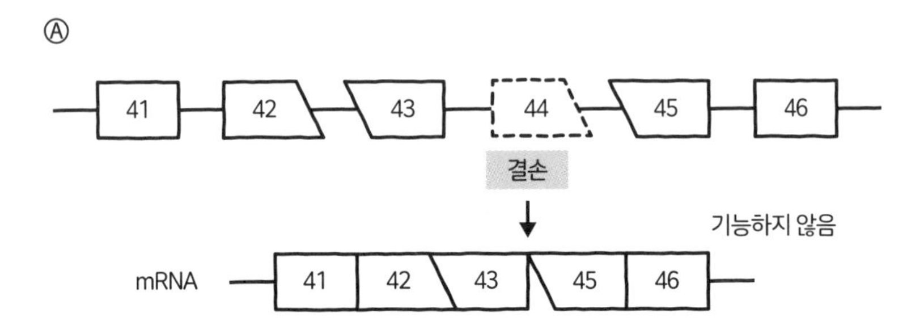

Ⓑ

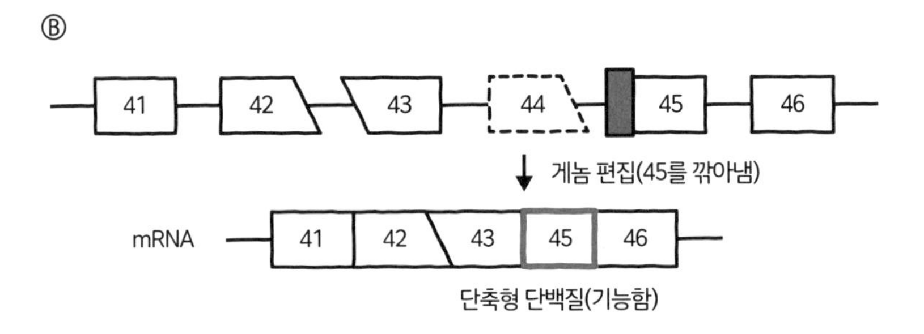

Ⓒ

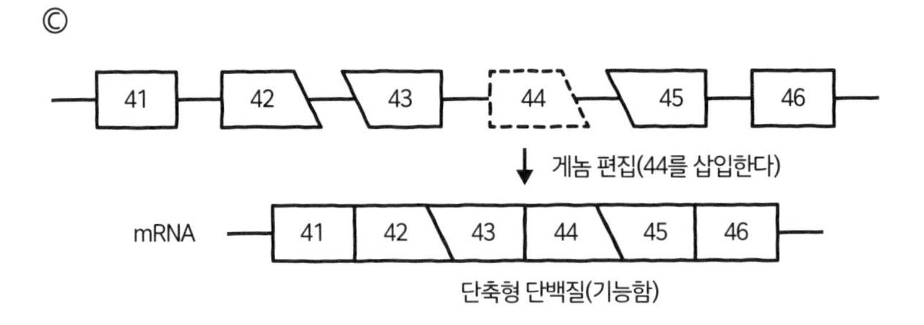

한 질병도 치유할 수 있는 일례가 될 겁니다. 이론적으로는 근이영양증이 치유되니까요. 보통은 '고칠 수만 있으면 그만이지'라고 생각하시겠죠? 하지만 그럼에도 불만을 토로하는 사람이 있습니다. '아기를 디자인하는 건 안 되지만 유전성 질환을 치료하는 건 문제가 없다', 그렇게 생각하시겠죠. 하지만 잘 생각해보세요.

문제 어디까지가 질병일까요?

근이영양증은 질병이죠. 하지만 고약한 성격은 질병일까요? 키가 작은 것도 질병일까요? 질병이라고 볼 수는 없을 겁니다. 그렇다면 질병과 그렇지 않은 것을 구분해야만 하겠죠. 하지만 견해를 달리 하자면 질병 역시 인간의 다양성 중 하나입니다. 그러니 질병 역시 그 사람의 개성인 셈이니 게놈 편집으로 치료할 필요가 없다고 주장하는 사람도 세상에는 있습니다. 의사라면 당연히 질병은 모두 치료하는 편이 낫다고 생각하겠지만, 질병을 반드시 치료해야하는 것은 아니라고 하는 사람도 있죠. 이런 사실도 알아두세요.

유전병은 반드시 치료해야하는 병이 아니다, 질병이 있더라도 잘 살 수 있는 사회가 마련되어야 한다. 이는 어떤 의미에서 보자면 지당한 말이죠. 그렇지만 그럼에도 치료하는 편이 당연히 낫습니다. 당사자들은 당연히 치료하는 쪽을 선택하겠죠. 당사자도 아니면서 잘난 듯이 이런 말을 늘어놓는 사람들이 많다는 것도 정말이지 난감한 현실입니다.

수정란 게놈 편집과 체세포 게놈 편집의 차이

수정란에 게놈 편집을 실시하면 몸 전체의 유전자가 변해버리니 가계에서 그 유전자가 사라지게 됩니다. 하지만 체세포를 대상으로 게놈 편집을 실시할 경우, 그 특정한 부분만 변하게 됩니다. 따라서 유전병을 지닌 집안에서 태어난 사람은 수정란을 대상으로 한 게놈 편집을 희망하겠죠.

게놈 편집이 안고 있는 문제점

게놈 편집의 규제

인간의 수정란을 대상으로 게놈 편집을 실시해서는 안 됩니다. 하지만 중국에서 행해졌던 그런 짓은 불가함에도 시도하려는 사람들이 나타나기 시작했죠. 현재 수정란 게놈 편집에 대해서는 공적인 연구비를 사용할 수 없습니다. 반면 개인 자금으로 실시하는 게놈 편집 연구에는 규제가 없죠. 또한 체세포를 대상으로 한 게놈 편집에 관해서는 미국처럼 키트를 시판하는 나라도 있으니 규제가 없는 셈이나 마찬가지입니다. 하지만 세상에는 이를 두고 잘못된 일이라 말하는 사람도 있죠. 앞서 중국의 교수가 실제로 이를 실시했기 때문에 직장을 잃었다는 이야기를 전해드렸습니다. 세상에는 공적인 연구비로는 불가능한 연구를 지원하려는 개인이 있습니다. 미국의 부자 중에는 '이런 연구는 반드시 해야만 한다, 내가 돈을 댈 테니 연구를 진행하라'고 말하는 사람도 있습니다. 여기에 누가 참견할 수 있을까요.

개인의 연구비로 게놈 편집이 실시된 실제 사례를 소개해드리겠습니다. 확장성심근증이라는 무서운 질병이 있습니다. 이 질병은 심근경색을 일으키는 어느 유전자에 이상이 생겼기 때문에 발생한다는 사실이 밝혀진 바 있죠. 아내와의 사이에서 아이를 갖고 싶었던 어느 남성이 이 질병이었습니다. 이럴 때는 어떡하면 좋을까요. 수정란에 게놈 편집을 하는 것은 옳지 않은 일입니다만, 이 경우는 남성의 유전자에 이상이 있으므로 정자에 게놈 편집을 실시하면 됩니다. 실제로도 게놈 편집이 가능했죠. 결국 아이는 태어나지 않았지만 이러한 시도 역시 마음만 먹으면 가능하다는 사실이 드러났습니다. 이는 국가로부터 연구비가 나오지 않아 개인 연구실에서 진행되었습니다. 국가적으로 진행해야 할 일인가, 질병에 걸린 사람에게만 실시해야 하는가, 그렇다면 어떤 질병에 걸린 사람에게 실시해야 하는가, 등의 나머지 문제들은 나라가 법률로 정할 일이겠습니다만, 가능하다는 사실은 밝혀졌습니다. 하지만 마음대로 실시해서는 안 됩니다.

오프-타깃 효과

게놈 편집에는 또 하나의 문제점이 있습니다. 게놈 편집이란 싹둑 잘라내는 것이라 말씀드렸죠? 싹둑 잘라낼 때 몇만 번 중에 한 번은 실수로 다른 곳을 잘라낼 가능성이 있습니다. 그랬다간 큰일이겠죠. 그림6을 예로 들어 설명하자면, 인간의 3번 유전자를 게놈 편집으로 잘라냈습니다만, 이곳만 잘라내려다 실수로 다른 세 곳까지 함께 잘라내면서 다른 유전자에 이상이 발생할 가능성이 생겨나고 말았습니다. 이를 **오프-타깃 효과(Off-Target Effect)**라고 합니다. 게놈 편집에 반대하

그림6 오프-타깃 효과

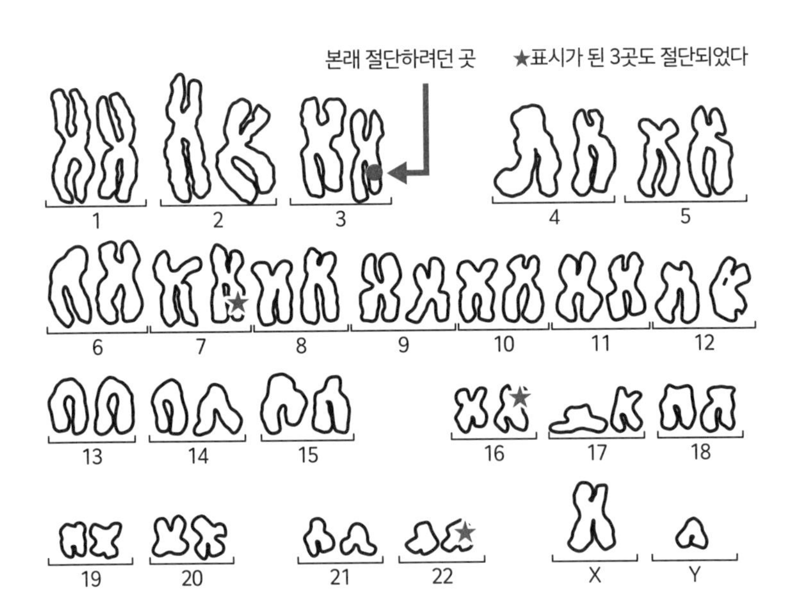

는 사람은 십중팔구 오프 타깃의 우려가 있으니 위험하다며 반대합니다. 맞는 말입니다. 하지만 이를 조사하려면 터무니없는 수고와 비용이 따릅니다. 또한 조사한다 하더라도 발견된 것이 SNP(일염기다형, 개인차)라면 구별이 불가능하고, 전좌나 역위가 발생했을 경우에는 일반적인 절차에서는 찾아낼 수 없습니다. 또한 질병의 치료가 아닌 진단에 해당하므로 보험이 적용되지 않죠. 환자의 부담도 커질 수밖에 없습니다. 이러한 이유로 조사하기가 어렵습니다.

게놈 편집 식품의 안전성

그럼 게놈 편집 식품에는 위험성이 없느냐, 있을지도 모르죠. 솔라닌이라는 독소가 생겨나지 않는 감자(눈에 독소가 없는 감자)를 만들어냈습니다. 감자는 일반적으로 햇볕을 쬐면 초록색으로 변해 독성물질을 만들어냅니다. 여기서 만약 오프-타깃이 벌어져 초록색으로 변하는 유전자가 절단된다면 독성물질이 만들어졌다 해도 초록색으로 변하지 않는 감자가 생겨날지도 모릅니다. 그랬다간 위험합니다. 절단하기만 할 때에는 심사를 하지 않지만 실제로는 이러한 부분까지 꼼꼼하게 조사해야만 하죠.

조금 전부터 게놈 편집에는 안전성 심사가 필요치 않다고 귀에 못이 박힐 정도로 언급해왔습니다. 어째서 안전성 심사가 필요 없느냐

하면, DNA를 절단하는 것은 게놈 편집뿐만 아니라 γ선(감마선)을 조사(照射)해 돌연변이를 일으키는 방식 역시 마찬가지이기 때문입니다. γ선을 쬐어서 돌연변이를 일으키면 어떠한 유전자가 끊어지게 됩니다. 어디인지는 알 수 없습니다. 이렇게 어느 유전자가 끊어지면서 '골드 20세기'라는 품종의 새로운 배가 만들어졌죠. 이는 테라베크렐이라는 엄청난 양의 γ선을 쪼여서 돌연변이를 일으킨 결과물입니다. 그럼에도 먹을 수 있는 배가 만들어졌고, 이는 배의 경우도 문제가 없었으니 심사할 필요는 없지 않느냐는 논리로 이어지게 되었죠.

게놈 편집은 조사할 수 없다?

어떤 사람들이 게놈 편집을 했는지 어땠는지 알 수 없는 사과를 들여왔을 경우, 이 사과가 정말로 게놈 편집을 했는지 알아볼 방법은 없습니다. 게놈 편집은 단순히 잘라낸 후 되돌리는 것뿐이기 때문에 처음부터 그랬다고 한다면 정말인지는 아무도 알아낼 길이 없죠. 게놈 편집을 거친 식품은 과학적으로 구별할 수 없습니다. **심사를 의무화하더라도 그 실효성이 담보되지 않는다**는 뜻입니다. 따라서 조사할 방도가 없으므로 심사도 필요하지 않죠. 표시 의무가 없는 미국에서는 게놈 편집을 거친 식품에 Non-GMO(유전자 재조합이 아님), High Oleic(올레산 다량 함유)라는 문구를 달아 판매하고 있습니다.

하지만 그게 싫은 사람은 법률을 제정해 유통 과정을 명확히 고시하게 한다면 게놈 편집 식품을 구별할 수 있습니다. 소비자가 선택할 수 있게끔 '이 식품은 어디 사는 누가 만들었습니다'라고 명확히 표시하게 한다면 게놈 편집을 거쳤는지 아닌지를 대개는 알 수 있겠죠.

미국에서의 표시 의무

미국에는 일반적으로 표시 의무가 없습니다만, 미국이 참 재미있는 나라인 것이, 식물과 동물 사이에 약간의 차이가 있습니다. 식물의 경우는 게놈 편집을 거친 농작물은 전부 인가를 받을 수 있습니다. 하지만 동물은 유전자를 변화시켰을 경우에는 모두 심사 대상이 되죠. 게놈 편집을 거친 동물은 필히 신고를 하고 심사를 받아야만 합니다.

게놈 편집을 어떻게 바라보아야 할까

저는 게놈 편집에 대해 처음에는 위험성이 높은 기술이라 생각해왔습니다. 게놈 편집이라는 강력한 기술은 테러리즘을 일으킬 수도 있습니다. 즉, 국가 안전 보장의 범주에 속하는 미사일과 마찬가지로 중요한 안건이라 생각했죠. 자칫하면 보건 문제로도 이어지고, 특허 문제도 있고, 이미 말라리아를 박멸시키기 위해 게놈 편집을 받은 모기가 방사된 현실도 있었기에 두려웠습니다. 섣불리 게놈 편집을 시도했다간 인류의 유전자가 바뀌어버릴 우려도 있고요. 그래서 게놈 편집은 대단히 위험한 기술이다, 국가가 전부 관리해야 한다고 처음에는 생각했습니다. 하지만 식량 문제를 생각하자면 역시나 약간은 이점이 있겠다는 생각이 들었죠. 유전병을 치료할 수 있다는 점에서도 장점이 있습니다. 노벨상을 수상한 제니퍼 다우드나 박사는 5~10년 후에는 가능해질 것이라고 밝혔죠. 하지만 눈에 보이지 않는 미생물 따위를 이용해, 이를테면 어떤 악당이 게놈 편집을 이용해 MERS처럼 감염력이 높으며 사망률도 높은 코로나바이러스를 만들어내는 것도 마음만 먹으면 가능합니다. 이러한 일도 일어날 수 있는 위험성이 대단히 높죠. 그러므로 균형을 잘 유지해서 무엇이 중요한지 심사숙고한 후 이런저런 사항을 결정해 나가야만 한다고 지금은 생각이 바뀌어가고 있습니다. 여러분은 게놈 편집이란 이런 기술임을 반드시 머릿속에 새겨두시기 바랍니다.

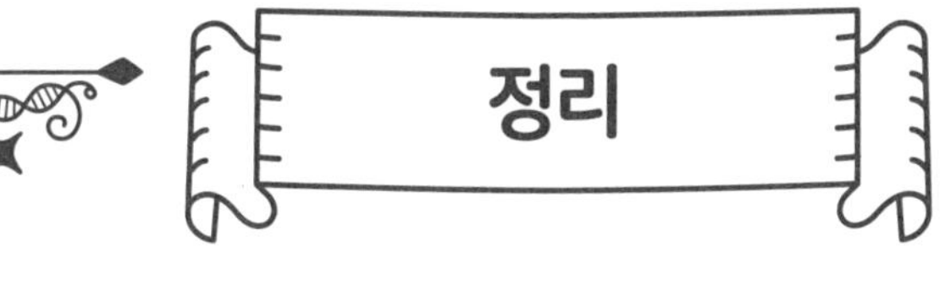

정리

- 게놈 편집 식품과 유전자 재조합 식품의 큰 차이는 다른 종의 유전자를 도입하는지, 아닌지 입니다.

- 유전자의 특정한 부분을 정밀하게 수정할 수 있는 게놈 편집으로 유전병을 치료할 수도 있습니다.

- 장단점을 확실히 파악한 후에 게놈 편집과 관련된 식량 문제나 윤리 문제에 대해 생각해보세요.

마치며

아마도 이 책을 읽어주신 몇몇 분들은 '이시우라의 머릿속은 예전과 달라진 게 없군'이라 생각하셨을지도 모릅니다. 일반적인 생물학 강의를 예상했던 분은 놀라셨을 수도 있겠네요. 저 역시 모두 훑어보고 나니 '시작하며'에도 썼듯이 '과연 내 새로운 도전은 성공했을까'라는 감상이 북받치더군요. 가능하다면 전에 없던 형식의 대학 신입생을 위한 생명과학 강의를 개설하고 싶다는 마음이었습니다. 어떠셨나요? 이번에는 대학 상급생을 위한 질병의 발병 메커니즘이나 치료에 관한 이야기는 넣지 못했습니다만, 이 내용을 통해 생명과학에 관해 폭넓은 흥미를 갖게 되고, 그 결과 면학으로 이어지지는 않을까 생각해봅니다.

코로나19라는 팬데믹으로 알게 된 사실이 많습니다. 새로운 mRNA 백신도 2005년에 미국이 과학연구비를 증액했을 당시의 응모 과제였다는 사실, 그리고 미국은 이 국난에도 불구하고 이번 2020년도에도 과학연구비를 증액했다는 사실, 이에 비해 백신에서 뒤처진 일본 과학계의 빈곤한 현실은 21세기로 접어들어 연구비가 지속적으로 삭감된 것에서 비롯되었다는 사실 등이죠. 과학을 국책으로 삼는 이상, 앞날을 내다볼 수 있는 과학자나 정치가가 필요함은 따로 설명할 필요도 없겠습니다.

이 책의 목적 중에는 과학의 발전에 따르는 다양한 문제(방사선의 영향, 게놈 편집과 유전자 재조합, 생명 윤리에 대한 관점의 차이 등)는 피해갈 수 없음을 전하고자 하는 뜻도 있었습니다. 이 책을 통해서 평소 생명과학에 대해 의식하지 않았던 분들의 논의가 진전되기를 기대해봅니다.

2021년 6월

화상 수업으로 매일 매일이 일요일, 체력 저하를 느끼며 자택에서

이시우라 쇼이치